Desalegn Amenu
Ayantu Nugusa

Parasitologia

Desalegn Amenu
Ayantu Nugusa

Parasitologia

Parasitologia Notas de aula

ScienciaScripts

Cover image: www.ingimage.com

This book is a translation from the original published under ISBN 978-620-7-84192-9.

Publisher:
Sciencia Scripts
is a trademark of
Dodo Books Indian Ocean Ltd. and OmniScriptum S.R.L publishing group

120 High Road, East Finchley, London, N2 9ED, United Kingdom
Str. Armeneasca 28/1, office 1, Chisinau MD-2012, Republic of Moldova, Europe
Managing Directors: Ieva Konstantinova, Victoria Ursu
info@omniscriptum.com

Printed at: see last page
ISBN: 978-620-8-40378-2

ÍNDICE

1. INTRODUÇÃO

1.1 Introdução à Parasitologia

O que é a Parasitologia?

A Parasitologia é o estudo dos parasitas, dos seus hospedeiros e da relação entre eles. Como ramo da biologia, centra-se nos organismos que vivem num organismo hospedeiro ou dentro dele e obtêm nutrientes à custa do hospedeiro.

Conceitos-chave em Parasitologia

1. **Parasita:** Um organismo que vive num outro organismo (o hospedeiro), causando-lhe algum dano.
2. **Hospedeiro**: O organismo no qual um parasita vive.
3. **Simbiose**: Uma interação biológica estreita e duradoura entre dois organismos biológicos diferentes.
4. Tipos de Parasitas**:**
    - o **Ectoparasitas**: Vivem na superfície do hospedeiro (por exemplo, carraças, piolhos).
    - o **Endoparasitas**: Vivem no interior do corpo do hospedeiro (por exemplo, ténias, protozoários).
5. **Ciclo de vida**: As fases de desenvolvimento que um parasita atravessa desde o ovo até ao adulto, envolvendo frequentemente vários hospedeiros.

Importância da Parasitologia

A parasitologia é crucial para compreender as doenças causadas por parasitas, desenvolver tratamentos e implementar medidas de controlo para prevenir infecções. Tem aplicações na medicina, nas ciências veterinárias, na agricultura e na gestão ambiental.

Exemplos de doenças parasitárias

1. **Malária**: Causada por espécies de Plasmodium, transmitida por mosquitos Anopheles.

2. **Esquistossomose**: Causada por espécies de Schistosoma, transmitida através do contacto com água contaminada.
3. **Giardíase**: Causada pela Giardia lamblia, transmitida através de alimentos e água contaminados.
4. **Leishmaniose**: Causada por espécies de Leishmania, transmitida por flebótomos.

Diagnóstico e tratamento

- **Diagnóstico**: Exame microscópico, testes serológicos, técnicas moleculares (PCR) e imagiologia.
- **Tratamento**: Medicamentos antiparasitários, cuidados de apoio e medidas preventivas (por exemplo, controlo de vectores, práticas de higiene).

Desafios em Parasitologia

- Resistência aos medicamentos
- Falta de vacinas para muitas infecções parasitárias
- Complexidade dos ciclos de vida dos parasitas
- Alterações ambientais e ecológicas que afectam a distribuição dos parasitas

Investigação atual e avanços

- Desenvolvimento de novos instrumentos de diagnóstico e tratamentos
- Investigação de vacinas
- Compreender a genética e a biologia dos parasitas
- Estudar o impacto das alterações climáticas na distribuição dos parasitas

Conclusão

A Parasitologia é um domínio vital que aborda questões significativas de saúde e ambientais. Ao estudar os parasitas e as suas interações com os hospedeiros, os investigadores podem desenvolver melhores estratégias para controlar e prevenir as doenças parasitárias, melhorando a saúde e o bem-estar dos seres humanos e dos animais.

1.2 Definição de Parasitas e Parasitismo

Parasitas Um parasita é um organismo que vive sobre ou dentro de outro organismo, conhecido como hospedeiro, e obtém nutrientes à custa do hospedeiro. Esta relação é normalmente prejudicial para o hospedeiro, mas pode não resultar imediatamente na sua morte. Os parasitas podem ser microorganismos, como bactérias e protozoários, ou organismos maiores, como helmintos (vermes) e artrópodes (insectos e aracnídeos).

Caraterísticas dos Parasitas:

1. **Dependência**: Os parasitas dependem dos seus hospedeiros para a sua nutrição, abrigo e reprodução.

2. **Adaptação**: Apresentam frequentemente adaptações especializadas para viver e prosperar dentro ou sobre os seus hospedeiros.

3. **Especificidade do hospedeiro**: Muitos parasitas têm uma gama específica de hospedeiros que podem infetar.

4. **Ciclo de vida**: Os parasitas têm frequentemente ciclos de vida complexos que envolvem vários hospedeiros ou fases de desenvolvimento.

Tipos de Parasitas:

1. **Ectoparasitas**: Vivem na superfície do hospedeiro (por exemplo, pulgas, piolhos).

2. **Endoparasitas**: Vivem no interior do corpo do hospedeiro (por exemplo, ténias, protozoários).

3. **Parasitas facultativos**: Podem viver de forma independente, mas podem tornar-se parasitas em determinadas condições.

4. **Parasitas obrigatórios**: Não podem completar o seu ciclo de vida sem um hospedeiro.

Parasitismo O parasitismo é um tipo de relação simbiótica em que um organismo, o parasita, beneficia à custa do outro organismo, o hospedeiro. Esta interação resulta frequentemente em danos para o hospedeiro, que vão desde um ligeiro desconforto a uma doença grave ou mesmo à morte.

Caraterísticas do Parasitismo:

1. **Benefício unilateral**: O parasita obtém benefícios como nutrientes e habitat, enquanto o hospedeiro sofre danos.
2. **Exploração do hospedeiro**: Os parasitas exploram os recursos do hospedeiro, danificando frequentemente tecidos, órgãos ou funções corporais.
3. **Interação a longo prazo**: O parasitismo geralmente envolve uma associação prolongada entre o parasita e o hospedeiro.
4. **Adaptação evolutiva**: Parasitas e hospedeiros sofrem frequentemente uma co-evolução, com os hospedeiros a desenvolverem defesas e os parasitas a desenvolverem estratégias para ultrapassar essas defesas.

Exemplos de Parasitismo:

1. **Malária**: Causada por espécies de Plasmodium, que infectam os glóbulos vermelhos do sangue humano.
2. **Ténias**: Vivem nos intestinos de vários animais, incluindo os humanos, absorvendo nutrientes da dieta do hospedeiro.
3. **Piolhos**: Ectoparasitas que vivem na pele e se alimentam de sangue, causando irritação e potencial transmissão de doenças.

Impacto do Parasitismo:

1. **Efeitos na saúde**: Os parasitas podem causar uma série de problemas de saúde, desde um ligeiro desconforto a doenças graves.
2. **Impacto económico**: As infecções parasitárias no gado e nas culturas podem levar a perdas económicas significativas na agricultura.
3. **Influência ecológica**: Os parasitas podem afetar a dinâmica das populações, a estrutura das comunidades e a saúde dos ecossistemas.

1.3 Terminologia importante em Parasitologia

1. **Hospedeiro:** Um organismo que alberga um parasita, fornecendo-lhe alimento e abrigo.

- o **Hospedeiro definitivo**: O hospedeiro no qual um parasita atinge a maturidade sexual.
- o **Hospedeiro intermediário**: O hospedeiro no qual um parasita passa por um desenvolvimento assexuado ou por um estágio larval.
- o **Hospedeiro reservatório**: Um hospedeiro que alberga o parasita sem apresentar sintomas, servindo como fonte de infeção.

2. **Vetor:** Um organismo, frequentemente um artrópode, que transmite um parasita de um hospedeiro para outro. Os exemplos incluem mosquitos (malária), carraças (doença de Lyme) e flebótomos (leishmaniose).
3. **Zoonose:** Uma doença que pode ser transmitida de animais para seres humanos. Exemplos incluem a raiva, a toxoplasmose e a triquinelose.
4. **Ciclo de vida:** A série de fases de desenvolvimento que um parasita atravessa desde o ovo até ao adulto. Os ciclos de vida podem ser diretos (um hospedeiro) ou complexos (vários hospedeiros).
5. **Infestação:** A presença de ectoparasitas no corpo de um hospedeiro. Exemplos comuns incluem piolhos e pulgas.
6. **Infeção:** A invasão e multiplicação de endoparasitas nos tecidos ou órgãos de um hospedeiro. Exemplos incluem a malária e a giardíase.
7. **Patogenicidade:** A capacidade de um parasita causar doença num hospedeiro.
8. **Virulência:** O grau de dano que um parasita causa ao seu hospedeiro.
9. **Simbiose:** Uma interação biológica estreita e duradoura entre dois organismos biológicos diferentes. O parasitismo é um tipo de simbiose, juntamente com o mutualismo (ambos os organismos beneficiam) e o comensalismo (um organismo beneficia, o outro não é afetado).
10. **Epidemiologia:** O estudo da distribuição, determinantes e controlo das doenças parasitárias nas populações.
11. **Protozoários:** Organismos eucarióticos unicelulares que podem ser de vida livre ou parasitas. Exemplos incluem Plasmodium (malária), Giardia (giardíase) e Entamoeba (amebíase).

12. **Helmintos**: Vermes parasitas multicelulares, incluindo nemátodos (lombrigas), cestodes (ténias) e trematodos (vermes).

13. **Artrópodes**: Insectos e aracnídeos que podem ser ectoparasitas ou vectores de doenças parasitárias. Exemplos incluem pulgas, piolhos, carraças e mosquitos.

14. **Cisto**: Um estágio dormente de um parasita, muitas vezes resistente às condições ambientais, que pode ser um modo de transmissão. Os exemplos incluem os quistos de Giardia e os quistos de Entamoeba histolytica.

15. **Trofozoíto**: A fase ativa, de alimentação e de reprodução dos protozoários parasitas.

16. **Esquizogonia**: Reprodução assexuada por fissão múltipla, típica de alguns protozoários como as espécies de Plasmodium.

17. **Esporozoíto**: A fase infecciosa de alguns protozoários, como o Plasmodium, transmitida por vectores como os mosquitos.

18. **Merozoíto**: Uma fase do ciclo de vida das espécies de Plasmodium que resulta da esquizogonia e invade os glóbulos vermelhos.

19. **Bradizoíto**: A forma de crescimento lento de certos parasitas protozoários, encontrada em cistos de tecido, como nas infecções por Toxoplasma gondii.

20. **Taquizoíto**: O estágio proliferativo de crescimento rápido de certos protozoários parasitas, como o Toxoplasma gondii.

21. **Metacercária**: A fase larvar encistada de alguns trematodes, infecciosa para o hospedeiro definitivo.

22. **Microfilárias**: A fase larvar dos vermes da filária, que se encontra no sangue ou nos tecidos do hospedeiro e que é frequentemente captada por vectores como os mosquitos.

1.4 Importância do estudo dos parasitas

O estudo dos parasitas é crucial por várias razões, com impacto na saúde humana, no bem-estar animal, na agricultura e nos ecossistemas. Eis algumas áreas-chave que realçam a sua importância:

1. **Saúde humana:**

    - o **Prevenção e controlo de doenças**: Os parasitas causam muitas doenças graves, incluindo a malária, a esquistossomose e a giardíase. A compreensão da biologia e dos ciclos de vida dos parasitas ajuda a desenvolver estratégias eficazes de prevenção, diagnóstico e tratamento.
    - o **Saúde pública**: O controlo das infecções parasitárias reduz a morbilidade e a mortalidade, especialmente nas regiões endémicas. Também ajuda a controlar os surtos e as epidemias.
    - o **Desenvolvimento de medicamentos antiparasitários**: A investigação sobre parasitas leva à descoberta e desenvolvimento de novos medicamentos e vacinas para tratar e prevenir doenças parasitárias.

2. **Medicina veterinária:**

    - o **Saúde animal**: Os parasitas afectam o gado, os animais de estimação e a vida selvagem, provocando doenças que podem causar sofrimento e morte significativos. O estudo destes parasitas ajuda a melhorar a saúde e a produtividade dos animais.
    - o **Impacto económico**: As infecções parasitárias no gado podem levar a perdas económicas substanciais devido à diminuição da produtividade, ao aumento dos custos veterinários e às restrições comerciais.

3. **Agricultura:**

    - o **Proteção das culturas**: Os parasitas das plantas, como os nemátodos, podem causar danos graves às culturas, levando à redução do rendimento e da qualidade. A compreensão destes parasitas ajuda a desenvolver variedades de culturas resistentes e medidas de controlo eficazes.
    - o **Práticas sustentáveis**: O estudo das interações dos parasitas com as plantas pode promover práticas agrícolas sustentáveis, reduzindo a dependência de pesticidas químicos.

4. **Ecologia e Biodiversidade:**

   - **Saúde do ecossistema**: Os parasitas desempenham um papel na regulação das populações de hospedeiros e na manutenção do equilíbrio ecológico. O seu estudo ajuda a compreender a dinâmica e a saúde dos ecossistemas.
   - **Biodiversidade**: Os parasitas contribuem para a biodiversidade e podem ser indicadores de alterações ambientais e da saúde dos ecossistemas.

5. **Biologia evolutiva:**

   - **Coevolução hospedeiro-parasita**: O estudo das interações entre hospedeiros e parasitas permite compreender os processos evolutivos e os mecanismos de adaptação.
   - **Diversidade genética**: Os parasitas apresentam uma vasta gama de diversidade genética e de adaptações, o que os torna temas interessantes para estudos evolutivos.

6. **Saúde global e desenvolvimento socioeconómico:**

   - **Impacto nos países em desenvolvimento**: As doenças parasitárias afectam desproporcionadamente os países de baixo e médio rendimento, prejudicando o desenvolvimento socioeconómico. A redução do peso das doenças parasitárias pode melhorar a qualidade de vida e a produtividade económica.
   - **Educação e sensibilização para a saúde**: O estudo dos parasitas e do seu impacto ajuda a educar as comunidades sobre medidas de prevenção e controlo, promovendo melhores práticas de saúde.

7. **Gestão ambiental:**

   - **Controlo de doenças transmitidas por vectores**: A compreensão da ecologia dos parasitas e dos seus vectores (por exemplo, mosquitos, carraças) ajuda a desenvolver estratégias para controlar as populações de vectores e reduzir a transmissão de doenças.

- **Alterações climáticas**: O estudo da forma como as alterações climáticas afectam a distribuição e os ciclos de vida dos parasitas pode ajudar a prever e a mitigar futuros riscos para a saúde.

8. **Biotecnologia e investigação:**

   - **Biologia Molecular e Celular**: Os parasitas servem de organismos modelo para o estudo de processos biológicos fundamentais a nível molecular e celular.
   - **Aplicações biotecnológicas**: A investigação sobre parasitas pode conduzir a inovações biotecnológicas, tais como novos instrumentos de diagnóstico, vacinas e tratamentos.

2. CLASSIFICAÇÃO DOS PARASITAS

Os parasitas podem ser classificados com base em vários critérios, tais como a sua localização no hospedeiro, a complexidade do seu ciclo de vida e a sua taxonomia. Segue-se um resumo das principais classificações:

1. **Baseado no Habitat:**

- **Ectoparasitas**: Parasitas que vivem na superfície do hospedeiro. Os exemplos incluem:
  - o **Pulgas**: Infestam mamíferos e aves, alimentando-se de sangue.
  - o **Piolhos**: Infestam os mamíferos, incluindo os seres humanos, causando comichão e irritação.
- **Endoparasitas**: Parasitas que vivem no interior do corpo do hospedeiro. Os exemplos incluem:
  - o **Ténias**: Infestam os intestinos de vários animais, incluindo os humanos.
  - o **Protozoários**: Como as espécies de Plasmodium, que causam a malária no interior dos glóbulos vermelhos do sangue humano.

2. **Baseado no ciclo de vida:**

- **Ciclo de vida direto (Monoxeno)**: Parasitas que completam o seu ciclo de vida num único hospedeiro. Os exemplos incluem:
  - o **Ascaris lumbricoides**: Um tipo de lombriga que completa o seu ciclo de vida no intestino humano.
- **Ciclo de vida indireto (Heteroxeno)**: Parasitas que necessitam de mais do que um hospedeiro para completar o seu ciclo de vida. Exemplos incluem:
  - o **Espécies de Plasmodium**: Necessitam tanto de seres humanos como de mosquitos Anopheles para completar o seu ciclo de vida.

3. **Baseado na dependência:**

- **Parasitas obrigatórios**: Parasitas que não conseguem completar o seu ciclo de vida sem um hospedeiro. Os exemplos incluem:

o **Toxoplasma gondii**: Tem de infetar um hospedeiro para se reproduzir e sobreviver.

- **Parasitas facultativos**: Parasitas que podem viver tanto como organismos de vida livre quanto como parasitas. Exemplos incluem:

  o **Naegleria fowleri:** Uma ameba de vida livre que pode tornar-se parasita e causar meningoencefalite amebiana primária.

4. **Baseado na taxonomia:**

- **Protozoários**: Organismos eucarióticos unicelulares, classificados em vários filos.

  o **Filo Apicomplexa**: Inclui Plasmodium (malária) e Toxoplasma (toxoplasmose).

  o **Filo Sarcomastigophora**: Inclui Giardia (giardíase) e Trypanosoma (doença do sono).

- **Helmintos**: Vermes parasitas multicelulares, classificados em três grupos principais.

  o **Nemátodos (vermes redondos)**: Exemplos incluem Ascaris lumbricoides (ascaridíase) e Wuchereria bancrofti (filariose).

  o **Cestodes (Ténias)**: Exemplos incluem a Taenia saginata (ténia da carne de vaca) e a Taenia solium (ténia da carne de porco).

  o **Trematódeos (vermes)**: Exemplos incluem Schistosoma (esquistossomose) e Fasciola hepatica (verme do fígado).

- **Artrópodes**: Insectos e aracnídeos que podem ser ectoparasitas ou vectores.

  o **Insecta**: Inclui mosquitos (vectores da malária, dengue), pulgas e piolhos.

  o **Aracnídeos**: Inclui as carraças (vectores da doença de Lyme) e os ácaros (sarna).

5. **Com base na especificidade do hospedeiro:**

- **Parasitas estenoxenos**: Parasitas que infectam uma única espécie hospedeira ou algumas espécies estreitamente relacionadas. Exemplo:

- **Pediculus humanus capitis**: Piolho da cabeça, específico do ser humano.

- **Parasitas eurixenos**: Parasitas que podem infetar muitas espécies diferentes de hospedeiros. Exemplo:
  - **Toxoplasma gondii**: Pode infetar uma grande variedade de animais de sangue quente.

2.1. Parasitas com base na especificidade do hospedeiro: Obrigatório vs. Facultativo

Parasitas obrigatórios

Os parasitas obrigatórios são organismos que têm de viver dentro ou sobre um hospedeiro para completar o seu ciclo de vida. Eles não podem sobreviver, crescer ou reproduzir-se sem explorar um hospedeiro adequado.

Caraterísticas dos Parasitas Obrigatórios:

- **Dependência do hospedeiro:** Dependem inteiramente do hospedeiro para a sua sobrevivência, reprodução e crescimento.
- **Adaptações especializadas**: Desenvolveram mecanismos específicos para invadir, evitar as defesas do hospedeiro e utilizar os recursos do hospedeiro.
- **Especificidade do hospedeiro**: Apresentam frequentemente uma elevada especificidade em relação ao hospedeiro, infectando espécies particulares ou uma gama limitada de hospedeiros.

Exemplos de Parasitas Obrigatórios:

- **Espécies de Plasmodium**: Causam a malária e necessitam de hospedeiros humanos e mosquitos para completar o seu ciclo de vida.
- **Toxoplasma gondii**: Causa a toxoplasmose e requer animais de sangue quente como hospedeiros intermediários e felinos como hospedeiros definitivos.
- **Taenia solium**: A ténia do porco, que requer o porco como hospedeiro intermediário e o homem como hospedeiro definitivo.

- **Espécies de Schistosoma**: Vermes sanguíneos que causam a esquistossomose e requerem espécies específicas de caracóis como hospedeiros intermediários e seres humanos como hospedeiros definitivos.

2. Parasitas facultativos

Os parasitas facultativos são organismos que podem viver tanto como entidades de vida livre como parasitas. Não precisam necessariamente de um hospedeiro para completar o seu ciclo de vida, mas podem explorar um hospedeiro se a oportunidade surgir.

Caraterísticas dos Parasitas Facultativos:

- **Flexibilidade:** Pode sobreviver e reproduzir-se fora de um hospedeiro em condições ambientais favoráveis.
- **Oportunistas**: Tornam-se parasitas quando as condições são adequadas, como quando um hospedeiro está disponível ou quando as condições ambientais favorecem o parasitismo.
- Gama de hospedeiros **mais alargada**: Frequentemente têm uma gama mais alargada de potenciais hospedeiros em comparação com os parasitas obrigatórios.

Exemplos de Parasitas Facultativos:

- **Naegleria fowleri**: Uma ameba de vida livre que pode causar meningoencefalite amebiana primária quando infecta seres humanos através de água contaminada.
- **Strongyloides stercoralis**: Um nemátodo que pode viver livremente no solo ou como parasita no intestino humano, causando a estrongiloidíase.
- **Candida albicans**: Uma levedura que vive normalmente como um organismo comensal inofensivo no corpo humano, mas que pode tornar-se parasita, causando candidíase, em determinadas condições, como a imunossupressão.

Comparação

Caraterística	Parasitas obrigatórios	Parasitas facultativos
Dependência do anfitrião	Têm de viver dentro/sobre um hospedeiro para completar o seu ciclo de vida.	Pode viver livremente ou como parasita, sob condições.
Adaptações	Altamente especializado para exploração	Menos especializados, podem adaptar-se a modos de vida livre e parasitária.
Sobrevivência fora do anfitrião	Não pode sobreviver muito tempo sem um hospedeiro	Podem sobreviver e reproduzir-se fora do hospedeiro em ambientes adequados.
Especificidade do hospedeiro	Frequentemente elevada, infectando hospedeiros específicos.	Geralmente mais largo, pode infetar uma série de hospedeiros.

Importância de compreender a especificidade do hospedeiro

Compreender se um parasita é obrigatório ou facultativo é crucial para:

- **Controlo e Prevenção de Doenças**: Desenvolvimento de estratégias adaptadas aos modos de sobrevivência e transmissão do parasita.
- **Abordagens de tratamento**: Seleção de tratamentos médicos adequados com base no ciclo de vida do parasita e na dependência do hospedeiro.
- **Epidemiologia e saúde pública**: Avaliar os factores de risco e a dinâmica de transmissão para implementar medidas de controlo eficazes.
- **Ecologia e Evolução**: Estudo das interações entre parasitas e hospedeiros e do impacto dessas relações nos ecossistemas e nos processos evolutivos.

Conclusão

A classificação dos parasitas com base na especificidade do seu hospedeiro - se são obrigatórios ou facultativos - fornece informações valiosas sobre a sua biologia, ecologia e as medidas necessárias para controlar e tratar as infecções parasitárias. Ao compreender estas distinções, os investigadores e os profissionais de saúde podem enfrentar melhor os desafios colocados pelas doenças parasitárias.

2.2. Classificação dos Parasitas por Ciclo de Vida

1. Parasitas monoxenos

Os parasitas monoxenos, também conhecidos como parasitas de ciclo de vida direto, completam todo o seu ciclo de vida numa única espécie de hospedeiro. Estes parasitas não necessitam de um hospedeiro intermediário para amadurecer e reproduzir-se.

Caraterísticas dos Parasitas Monoxenos:

- **Hospedeiro único**: Todo o ciclo de vida, desde o desenvolvimento à reprodução, ocorre numa única espécie de hospedeiro.
- **Transmissão**: Frequentemente envolve contacto direto, ingestão de fases infecciosas ou exposição ambiental a formas infecciosas.
- **Simplicidade do ciclo de vida**: Tipicamente têm um ciclo de vida mais simples em comparação com os parasitas heteroxenos.

Exemplos de Parasitas Monoxenos:

- **Ascaris lumbricoides**: Um verme redondo que completa o seu ciclo de vida no intestino humano.
- **Enterobius vermicularis**: Também conhecido como verme do alfinete, que vive e se reproduz no intestino humano.
- **Giardia lamblia**: Um protozoário parasita que causa giardíase, com um ciclo de vida confinado ao intestino humano.
- **Trichuris trichiura**: O verme da tricurídea, que também completa o seu ciclo de vida no intestino humano.

2. Parasitas heteroxenos

Os parasitas heteroxenos, também conhecidos como parasitas de ciclo de vida indireto, necessitam de múltiplos hospedeiros para completar o seu ciclo de vida. Normalmente, estes parasitas têm pelo menos um hospedeiro intermediário para além do hospedeiro definitivo onde ocorre a reprodução sexual.

Caraterísticas dos Parasitas Heteroxenos:

- **Hospedeiros múltiplos**: Envolvem pelo menos um hospedeiro intermediário e um hospedeiro definitivo.
- **Ciclo de vida complexo**: Passam por diferentes fases de desenvolvimento em diferentes hospedeiros.
- **Transmissão**: Envolve frequentemente vectores (como os insectos) ou a ingestão de hospedeiros intermediários.

Exemplos de Parasitas Heteroxenos:

- **Espécies de Plasmodium**: Causam a malária e requerem tanto os seres humanos (como hospedeiro definitivo) como os mosquitos Anopheles (como hospedeiros intermediários).
- **Espécies de Schistosoma**: Vermes sanguíneos que requerem caracóis como hospedeiros intermediários e seres humanos como hospedeiros definitivos.
- **Taenia solium**: Ténia do porco que necessita do porco como hospedeiro intermediário e do homem como hospedeiro definitivo.
- **Trypanosoma brucei**: Provoca a doença do sono africana e requer a mosca tsé-tsé como vetor (hospedeiro intermediário) e o homem ou outros mamíferos como hospedeiros definitivos.

Comparação

Caraterística	Parasitas monoxenos	Parasitas Heteroxenos
Requisito do anfitrião	Um único hospedeiro durante todo o ciclo de vida.	São necessários vários hospedeiros para o ciclo de vida.
Complexidade do ciclo de vida	Geralmente mais simples, com menos fases.	Mais complexo, com fases distintas em diferentes hospedeiros.
Transmissão	Contacto direto, ingestão ou exposição ambiental.	Envolve frequentemente vectores ou a ingestão de hospedeiros intermediários.
Exemplos	Ascaris lumbricoides, Enterobius vermicularis, Giardia lamblia	Espécies de Plasmodium, espécies de Schistosoma, Taenia solium

Importância de compreender a classificação do ciclo de vida

Controlo e Prevenção de Doenças: Identificar os pontos críticos no ciclo de vida do parasita para intervenção.

Epidemiologia: Compreender a dinâmica da transmissão e os factores de risco associados a diferentes hospedeiros.

Tratamento e gestão: Desenvolvimento de estratégias de tratamento adequadas que abordem todas as fases do ciclo de vida do parasita.

Estratégias de saúde pública: Implementação de medidas eficazes para quebrar o ciclo de vida, especialmente no caso de parasitas heteroxenos que envolvam vectores ou hospedeiros intermediários.

3. INTERACÇÕES HOSPEDEIRO-PARASITA

As interações hospedeiro-parasita são relações complexas que envolvem numerosos processos biológicos, fisiológicos e imunológicos. Estas interações podem ter implicações significativas tanto para o hospedeiro como para o parasita, influenciando a saúde, os resultados das doenças e a dinâmica evolutiva.

1. Tipos de interações entre o hospedeiro e o parasita

- **Parasitismo**: Uma relação em que o parasita beneficia à custa do hospedeiro, causando frequentemente danos. Exemplos incluem a malária causada por espécies de Plasmodium e as infecções por ténias causadas por espécies de Taenia.
- **Comensalismo**: Uma relação em que o parasita beneficia sem causar danos aparentes ao hospedeiro. Um exemplo é a Entamoeba dispar, que vive no intestino humano sem causar doenças.
- **Mutualismo**: Uma relação rara na parasitologia em que tanto o hospedeiro como o parasita beneficiam. Um exemplo são certas bactérias intestinais que ajudam na digestão e beneficiam de um ambiente rico em nutrientes.

2. Mecanismos de interação entre o hospedeiro e o parasita

- **Fixação e entrada**: Os parasitas têm estruturas ou moléculas especializadas (por exemplo, proteínas de adesão, ventosas) que facilitam a fixação e a entrada no hospedeiro. Por exemplo, os esporozoítos de Plasmodium invadem as células do fígado utilizando proteínas de superfície.
- **Evasão imunitária**: Os parasitas desenvolveram mecanismos para escapar ao sistema imunitário do hospedeiro. As estratégias incluem a variação antigénica (alteração das proteínas de superfície), a supressão imunitária e a ocultação no interior das células hospedeiras. O Trypanosoma brucei, que causa a doença do sono africana, altera frequentemente as suas glicoproteínas de superfície para evitar a deteção imunitária.
- **Aquisição de nutrientes**: Os parasitas obtêm nutrientes do hospedeiro, causando frequentemente danos. Por exemplo, as ténias absorvem nutrientes diretamente dos intestinos do hospedeiro, provocando desnutrição.

- **Danos em tecidos e órgãos**: Os parasitas podem causar danos mecânicos (por exemplo, bloqueio de vasos sanguíneos por vermes filariais), libertar toxinas ou induzir respostas inflamatórias que danificam os tecidos do hospedeiro. Os ovos de Schistosoma podem causar danos significativos aos tecidos à medida que migram pelo corpo do hospedeiro.

3. Mecanismos de defesa do hospedeiro

- **Imunidade inata**: A primeira linha de defesa inclui barreiras físicas (pele, membranas mucosas), células fagocíticas (macrófagos, neutrófilos) e o sistema do complemento. Por exemplo, os macrófagos engolfam e destroem os agentes patogénicos.
- **Imunidade adaptativa**: Envolve respostas específicas, incluindo a ativação de células B (produzindo anticorpos) e células T (matando células infectadas). A resposta imunitária ao Plasmodium envolve tanto a imunidade mediada por anticorpos como a imunidade mediada por células.
- **Defesas comportamentais**: Os hospedeiros podem adotar comportamentos para evitar a infeção, tais como a limpeza para remover ectoparasitas ou evitar água contaminada.

4. Efeitos das interações entre o hospedeiro e o parasita

- **Patologia**: As infecções por parasitas podem causar uma série de doenças, de ligeiras a graves, que afectam a saúde do hospedeiro. Por exemplo, a malária pode causar febre, anemia e, em casos graves, malária cerebral e morte.
- **Imunopatologia**: Por vezes, a resposta imunitária do hospedeiro a um parasita pode causar mais danos do que o próprio parasita. A inflamação crónica em resposta aos ovos de Schistosoma pode levar a fibrose hepática e hipertensão portal.
- **Aptidão do hospedeiro**: As infecções parasitárias podem reduzir a aptidão do hospedeiro, afectando o crescimento, a reprodução e a sobrevivência. Os animais infectados podem ser mais susceptíveis à predação ou menos capazes de competir pelos recursos.

- **Coevolução**: As interações hospedeiro-parasita conduzem à coevolução, com os hospedeiros a desenvolverem defesas e os parasitas a desenvolverem contra-defesas. Esta corrida ao armamento evolutiva pode levar a uma diversidade genética significativa em ambas as populações.

5. Exemplos de interações entre o hospedeiro e o parasita

- **Malária (Plasmodium spp.)**: O parasita infecta os glóbulos vermelhos e as células do fígado, escapando ao sistema imunitário através da variação antigénica e causando sintomas como febre, arrepios e anemia.
- **Ténias (Taenia spp.)**: Estes parasitas intestinais fixam-se ao revestimento intestinal do hospedeiro com ganchos e ventosas, absorvendo nutrientes e podendo causar desnutrição e bloqueio intestinal.
- **Leishmaniose (Leishmania spp.)**: Estes protozoários são transmitidos por picadas de flebotomíneos, infectam macrófagos e causam lesões cutâneas ou doença visceral, dependendo da espécie.

3.1. Mecanismos de entrada e estabelecimento do parasita nos hospedeiros

Os parasitas utilizam várias estratégias para entrar e estabelecer-se nos seus hospedeiros. Esses mecanismos são altamente especializados e evoluíram para superar as defesas do hospedeiro e garantir a sobrevivência e a reprodução do parasita. Eis alguns dos principais mecanismos:

1. Mecanismos de entrada

- **Penetração direta**: Alguns parasitas podem penetrar diretamente na pele ou nas membranas mucosas do hospedeiro.
  - o **Schistosoma spp**: As cercárias (fase larvar) penetram na pele quando os seres humanos entram em contacto com água contaminada.
- **Ingestão**: Muitos parasitas entram no hospedeiro através da ingestão de alimentos, água ou hospedeiros intermediários contaminados.
  - o **Ascaris lumbricoides**: Os ovos são ingeridos através de alimentos ou água contaminados e eclodem nos intestinos.

- o **Taenia solium**: Os quistos são ingeridos através de carne de porco mal cozinhada, e as larvas desenvolvem-se em ténias adultas nos intestinos.

- **Transmissão por vetor**: Os parasitas utilizam vectores (frequentemente artrópodes) para entrar no hospedeiro.
  - o **Plasmodium spp**: Transmitido aos seres humanos através da picada de um mosquito Anopheles infetado.
  - o **Trypanosoma brucei**: Transmitido pela mosca tsé-tsé, que injecta o parasita na corrente sanguínea do hospedeiro.
- **Transmissão transplacentária**: Alguns parasitas podem atravessar a barreira placentária e infetar o feto.
  - o **Toxoplasma gondii**: Pode ser transmitido de uma mãe infetada para o feto, causando toxoplasmose congénita.
- **Transmissão por contacto**: Alguns parasitas são transmitidos por contacto direto com um hospedeiro infetado ou através de fómites (objectos inanimados).
  - o **Trichomonas vaginalis**: Um parasita sexualmente transmissível que infecta o trato urogenital.

2. Mecanismos de estabelecimento

- **Fixação**: Os parasitas têm frequentemente estruturas ou moléculas especializadas que lhes permitem ligar-se aos tecidos do hospedeiro.
  - o **Giardia lamblia**: Utiliza um disco adesivo ventral para se fixar no revestimento intestinal.
  - o **Taenia spp**: Utilizam ganchos e ventosas no escólex (cabeça) para se fixarem à parede intestinal.
- **Invasão de células hospedeiras**: Alguns parasitas invadem e vivem no interior das células hospedeiras, evitando frequentemente a deteção imunitária.
  - o **Plasmodium spp**: Invadem os glóbulos vermelhos e as células do fígado durante as diferentes fases do seu ciclo de vida.
  - o **Leishmania spp**: Invadem e multiplicam-se nos macrófagos.

- **Evasão imunitária**: Os parasitas desenvolveram várias estratégias para escapar ao sistema imunitário do hospedeiro.
    - o **Variação antigénica**: Alteração das proteínas de superfície para evitar o reconhecimento imunitário. Exemplo: **Trypanosoma brucei**.
    - o **Supressão imunitária**: Produção de moléculas que suprimem a resposta imunitária do hospedeiro. Exemplo: **Heligmosomoides polygyrus** (um nemátodo) produz moléculas que modulam a resposta imunitária do hospedeiro.
    - o **Mimetismo molecular**: Expressão de moléculas semelhantes às moléculas do hospedeiro para evitar a deteção. Exemplo: **Schistosoma spp.** revestem-se de proteínas do hospedeiro.
- **Aquisição de nutrientes**: Os parasitas desenvolvem mecanismos para adquirir eficientemente nutrientes do hospedeiro.
    - o **Ténias**: Absorvem nutrientes pré-digeridos diretamente através do seu tegumento (superfície do corpo).
    - o **Ancilostomídeos**: Fixam-se à parede intestinal e alimentam-se de sangue, causando anemia no hospedeiro.
- **Adaptações ambientais**: Os parasitas podem adaptar-se ao ambiente interno do hospedeiro para garantir a sua sobrevivência.
    - o **Adaptação ao pH**: Alguns parasitas podem sobreviver em diferentes níveis de pH do trato gastrointestinal.
    - o **Regulação da temperatura**: Parasitas como **a Leishmania spp.** podem desenvolver-se à temperatura mais fria da pele ou à temperatura mais quente dos órgãos internos.
- **Sincronização do ciclo de vida**: Os parasitas sincronizam frequentemente os seus ciclos de vida com a biologia ou o comportamento do hospedeiro.
    - o **Plasmodium spp**: Sincronizar a libertação de merozoítos dos glóbulos vermelhos com o ritmo circadiano do hospedeiro para maximizar o potencial de transmissão através de picadas de mosquito.

Exemplos de entrada e estabelecimento de parasitas

- **Malária (Plasmodium spp.)**: Os esporozoítos entram no hospedeiro humano através da picada de um mosquito Anopheles infetado, deslocam-se até ao fígado e invadem os hepatócitos. Em seguida, multiplicam-se e entram na corrente sanguínea, onde infectam os glóbulos vermelhos, escapam ao sistema imunitário através da variação antigénica e causam os sintomas da malária.
- **Esquistossomose (Schistosoma spp.)**: As cercárias penetram na pele dos seres humanos através da água contaminada. Transformam-se em esquistossómulos, entram na corrente sanguínea e migram para o fígado e outros órgãos. Escapam ao sistema imunitário revestindo-se com proteínas do hospedeiro e amadurecem em vermes adultos, que produzem ovos que causam danos significativos nos tecidos.
- **Toxoplasmose (Toxoplasma gondii)**: Os oocistos são ingeridos através de alimentos ou água contaminados, ou através do manuseamento de areia para gatos. Os taquizoítos invadem e multiplicam-se nas células do hospedeiro, espalhando-se para vários tecidos. Evitam o sistema imunitário formando quistos nos tecidos, o que leva a uma infeção crónica.

Conclusão

A compreensão dos mecanismos de entrada e estabelecimento do parasita nos hospedeiros é crucial para o desenvolvimento de estratégias eficazes de prevenção, tratamento e controlo das infecções parasitárias. Ao estudar estes processos, os investigadores podem identificar potenciais alvos de intervenção e melhorar os resultados de saúde das populações afectadas.

3.2. Resposta imunitária do hospedeiro a infecções parasitárias

A resposta imunitária do hospedeiro às infecções parasitárias é uma interação complexa de mecanismos imunitários inatos e adaptativos concebidos para detetar, combater e eliminar os parasitas invasores. A compreensão destas respostas é crucial para o desenvolvimento de estratégias de controlo das doenças parasitárias.

1. **Resposta imune inata**

A resposta imune inata é a primeira linha de defesa e envolve mecanismos não específicos que reagem rapidamente à infeção.

- **Barreiras físicas**: A pele e as membranas mucosas actuam como barreiras primárias à entrada do parasita. Secreções como a saliva, o muco e o ácido gástrico também desempenham um papel na inibição da sobrevivência e do estabelecimento do parasita.
- **Células fagocíticas**: Os macrófagos, neutrófilos e células dendríticas ingerem e destroem os parasitas através da fagocitose. Estas células reconhecem os agentes patogénicos através de receptores de reconhecimento de padrões (PRRs) que detectam padrões moleculares associados a agentes patogénicos (PAMPs).
    - o **Exemplo**: Os neutrófilos e os macrófagos podem engolir e destruir parasitas como **a Leishmania** spp. e **o Toxoplasma gondii**.
- **Sistema do complemento**: Um grupo de proteínas no sangue que, quando activadas, podem matar diretamente os parasitas através da formação de complexos de ataque à membrana ou aumentar a fagocitose através da opsonização.
    - o **Exemplo**: O sistema do complemento pode ser ativado por merozoítos **de Plasmodium**, levando à sua lise.
- **Resposta inflamatória**: As citocinas e quimiocinas libertadas pelas células infectadas e pelas células imunitárias atraem outras células imunitárias para o local da infeção, provocando uma inflamação que ajuda a conter e a eliminar os parasitas.
    - o **Exemplo**: A infeção com ovos **de Schistosoma** nos tecidos desencadeia uma forte resposta inflamatória, recrutando células imunitárias para o local.

2. **Resposta imunitária adaptativa**

A resposta imunitária adaptativa é mais específica e envolve a ativação de linfócitos (células B e células T) que fornecem imunidade a longo prazo.

- **Imunidade humoral**: As células B produzem anticorpos (imunoglobulinas) que têm como alvo os parasitas extracelulares e seus produtos. Os anticorpos podem neutralizar os parasitas, promover a fagocitose (opsonização) e ativar o sistema do complemento.

- **Exemplo**: Os anticorpos contra os esporozoítos **de Plasmodium** podem impedir que estes infectem as células do fígado.

- **Imunidade mediada por células**: As células T desempenham um papel fundamental na defesa contra parasitas intracelulares.
  - **Células T auxiliares CD4+**: Produzem citocinas que aumentam a atividade dos macrófagos e das células B. As células Th1 produzem IFN-γ, que ativa os macrófagos para matar parasitas intracelulares como a **Leishmania** e **a Mycobacterium**.
  - **Células T citotóxicas CD8+**: Reconhecem e matam as células hospedeiras infectadas que apresentam antigénios do parasita através de moléculas MHC de classe I. Isto é crucial para controlar infecções como o **Toxoplasma gondii**.
- **Células T reguladoras (Tregs)**: Ajudam a modular a resposta imunitária para evitar uma inflamação excessiva e danos nos tecidos.

3. Evasão da resposta imunitária do hospedeiro pelos parasitas

Os parasitas desenvolveram inúmeras estratégias para escapar ao sistema imunitário do hospedeiro, assegurando a sua sobrevivência e persistência no hospedeiro.

- **Variação antigénica**: Alteração dos antigénios de superfície para evitar a deteção imunitária. **O Trypanosoma brucei**, que causa a doença do sono africana, altera frequentemente as suas glicoproteínas de superfície para escapar à imunidade mediada por anticorpos.
- **Residência intracelular**: Alguns parasitas escondem-se no interior das células hospedeiras, evitando a exposição aos anticorpos e ao complemento. As espécies **de Plasmodium** vivem dentro dos glóbulos vermelhos e hepatócitos, enquanto as espécies de **Leishmania** residem dentro dos macrófagos.
- **Imunossupressão**: Produção de moléculas que suprimem a resposta imunitária do hospedeiro. Por exemplo, **a Heligmosomoides polygyrus** segrega moléculas imunomoduladoras que podem atenuar a resposta imunitária do hospedeiro.

- **Mimetismo molecular**: Expressão de proteínas semelhantes às proteínas do hospedeiro para evitar a deteção. As espécies de **Schistosoma** podem revestir-se com proteínas do hospedeiro, tornando-as menos reconhecíveis pelo sistema imunitário.

- **Fuga à fagocitose**: Alguns parasitas podem escapar ou resistir à destruição pelas células fagocíticas. Por exemplo, **o Toxoplasma gondii** pode escapar do fagossoma antes de se fundir com os lisossomas nos macrófagos.

4. Exemplos de resposta imunitária do hospedeiro

- **Malária (Plasmodium spp.)**: O sistema imunitário visa diferentes fases do ciclo de vida do parasita. Os anticorpos podem neutralizar os esporozoítos e os merozoítos, enquanto as células T citotóxicas têm como alvo os hepatócitos infectados. No entanto, **o Plasmodium** escapa à imunidade através da variação antigénica e do sequestro no fígado e nos glóbulos vermelhos.

- **Esquistossomose (Schistosoma spp.)**: O hospedeiro produz uma forte resposta mediada por Th2 contra os ovos do parasita, levando à formação de granulomas. Embora esta resposta ajude a conter os ovos, pode também causar danos significativos nos tecidos e fibrose.

- **Leishmaniose (Leishmania spp.)**: Uma resposta Th1 robusta, caracterizada pela produção de IFN-γ e pela ativação de macrófagos, é crucial para controlar a infeção. No entanto, **a Leishmania** pode sobreviver no interior dos macrófagos através da inibição da fusão fagolisossómica.

Conclusão

A resposta imunitária do hospedeiro às infecções parasitárias envolve um esforço coordenado entre a imunidade inata e a imunidade adaptativa. Embora o sistema imunitário tenha desenvolvido vários mecanismos para detetar e eliminar os parasitas, muitos parasitas desenvolveram estratégias sofisticadas para escapar a estas defesas. A compreensão destas interações é fundamental para desenvolver vacinas, tratamentos e intervenções de saúde pública eficazes para as doenças parasitárias.

4. CICLOS DE VIDA DOS PARASITAS

4.1. Ciclos de vida diretos vs. indirectos em parasitas

Os parasitas exibem diferentes estratégias de ciclo de vida que envolvem vários graus de complexidade e dependência de múltiplas espécies hospedeiras. A compreensão destes ciclos de vida é crucial para compreender a epidemiologia e a dinâmica de transmissão das doenças parasitárias.

1. **Ciclo de vida direto**

- **Definição**: Num ciclo de vida direto, o parasita completa todo o seu ciclo de vida numa única espécie de hospedeiro, sem necessitar de um hospedeiro intermediário.
- **Caraterísticas:**
  - o **Hospedeiro único**: O parasita infecta e reproduz-se numa única espécie de hospedeiro.
  - o **Simplicidade**: Normalmente envolve menos fases de desenvolvimento em comparação com os ciclos de vida indirectos.
  - o **Transmissão**: A transmissão ocorre geralmente através do contacto direto com estádios infecciosos ou da ingestão de materiais contaminados.
- **Exemplos:**
  - o **Enterobius vermicularis (Pinworm)**: Os ovos são ingeridos pelos seres humanos, eclodem no intestino e amadurecem em vermes adultos que se reproduzem e libertam ovos.
  - o **Giardia lamblia**: Os quistos são ingeridos através de água ou alimentos contaminados, excistam no intestino delgado e desenvolvem-se em trofozoítos que se fixam no revestimento intestinal.

2. Ciclo de vida indireto

- **Definição**: Num ciclo de vida indireto, o parasita necessita de várias espécies de hospedeiros para completar o seu ciclo de vida, envolvendo normalmente hospedeiros definitivos e intermédios.
- **Caraterísticas:**
  - **Hospedeiros múltiplos**: Envolve pelo menos duas espécies diferentes de hospedeiros (hospedeiros definitivos e intermédios).
  - **Complexidade**: Inclui frequentemente várias fases de desenvolvimento e adaptações para sobreviver em diferentes ambientes hospedeiros.
  - **Transmissão**: A transmissão de parasitas envolve frequentemente vectores (como os insectos) ou a ingestão de hospedeiros intermediários.
- **Exemplos**:
  - **Plasmodium spp. (Parasitas da Malária)**: Os parasitas da malária têm um ciclo de vida complexo que envolve tanto os seres humanos (hospedeiro definitivo) como os mosquitos Anopheles (vetor e hospedeiro intermediário). Os esporozoítos são injectados nos seres humanos durante uma picada de mosquito, onde infectam as células do fígado. Os merozoítos libertados pelas células do fígado infectam os glóbulos vermelhos, formando gametócitos que são ingeridos pelos mosquitos, completando o ciclo.
  - **Schistosoma spp. (vermes do sangue)**: As espécies de Schistosoma têm um ciclo de vida que envolve caracóis de água doce como hospedeiros intermediários e seres humanos (hospedeiro definitivo). As cercárias libertadas pelos caracóis penetram na pele humana, desenvolvem-se em esquistossómulos e migram para o fígado. Os vermes adultos residem nos vasos sanguíneos à volta da bexiga ou dos intestinos, onde produzem ovos que são excretados nas fezes ou na urina.

Importância de compreender os ciclos de vida

- **Epidemiologia**: Compreender a forma como os parasitas se transmitem entre hospedeiros ajuda a desenvolver estratégias de controlo e prevenção de infecções.
- **Estratégias de tratamento**: As diferentes fases do ciclo de vida podem exigir tratamentos ou intervenções específicas.
- **Intervenções de saúde pública**: Adaptação das medidas de controlo, como o controlo dos vectores ou as práticas de higiene, com base no ciclo de vida específico do parasita.

Conclusão

Os ciclos de vida diretos e indirectos representam duas estratégias fundamentais que os parasitas utilizam para completar os seus ciclos de vida e assegurar a sua sobrevivência e reprodução. Estes ciclos de vida têm implicações significativas para a transmissão da doença, a especificidade do hospedeiro e o desenvolvimento de estratégias eficazes de controlo e gestão dos parasitas. A compreensão destes ciclos aumenta a nossa capacidade de combater as doenças parasitárias através de intervenções específicas e de medidas de saúde pública.

4.2. Fases principais do desenvolvimento do parasita (ovos, larvas, adultos)

Os parasitas apresentam várias fases de desenvolvimento ao longo dos seus ciclos de vida, que normalmente incluem fases como ovos, larvas e adultos. As fases específicas podem variar consoante a espécie do parasita e a sua estratégia de ciclo de vida (direta ou indireta). Aqui está uma visão geral das principais fases do desenvolvimento do parasita:

Fases principais do desenvolvimento do parasita

1. **Fase de ovo**

- **Definição**: Os ovos de parasitas são frequentemente a fase inicial de desenvolvimento, produzidos por parasitas adultos dentro ou sobre o hospedeiro.

- **Caraterísticas:**
  - o **Estrutura**: Os ovos têm cascas ou invólucros protectores que os ajudam a sobreviver fora do hospedeiro.
  - o **Transmissão**: Os ovos são frequentemente libertados no ambiente através das fezes do hospedeiro, onde podem sobreviver até que as condições sejam adequadas para a eclosão.
- **Exemplos**:
  - o **Ascaris lumbricoides (lombriga)**: As lombrigas fêmeas produzem ovos que são eliminados nas fezes. Estes ovos embrionam (desenvolvem-se) no solo, tornando-se infecciosos após um período de tempo.
  - o **Taenia solium (Ténia do porco)**: As ténias produzem ovos que são libertados nas fezes. A ingestão de ovos por hospedeiros intermediários (suínos) leva ao desenvolvimento de larvas.

2. Fase larvar

- **Definição**: As larvas são estádios imaturos de parasitas que se desenvolvem a partir de ovos ou de outras formas de desenvolvimento inicial.
- **Caraterísticas:**
  - o **Movimento**: As larvas são tipicamente móveis e podem procurar ativamente hospedeiros ou vectores.
  - o **Adaptação**: As larvas têm frequentemente adaptações para sobreviver e infetar os hospedeiros.
- **Exemplos**:
  - o **Strongyloides stercoralis (verme da linha)**: Este parasita tem um ciclo de vida complexo que envolve tanto fases de vida livre como parasitárias. As larvas infectantes penetram na pele do hospedeiro (humanos) para iniciar a infeção.

- **Mosquitos Anopheles (Vetor)**: As larvas dos mosquitos desenvolvem-se em fontes de água. As larvas infectantes (cercárias) de parasitas como o **Schistosoma spp.** são libertadas pelos caracóis e penetram na pele humana durante o contacto com a água contaminada.

3. **Fase adulta**

- **Definição**: A fase adulta dos parasitas é tipicamente a fase reprodutiva, onde os parasitas amadurecem e produzem descendentes.
- **Caraterísticas:**
  - **Reprodução**: Os adultos reproduzem-se para perpetuar o ciclo de vida.
  - **Localização**: Os adultos residem frequentemente em órgãos ou tecidos específicos do hospedeiro, consoante a espécie do parasita.
- **Exemplos**:
  - **Ancilostomídeos (Ancylostoma duodenale, Necator americanus)**: Os adultos fixam-se à parede intestinal do hospedeiro (humanos) e alimentam-se de sangue. Produzem ovos que são eliminados nas fezes.
  - **Taenia solium (Ténia do porco)**: Os adultos desta ténia residem nos intestinos dos seres humanos, onde podem crescer e produzir segmentos (proglótides) que contêm ovos.

Importância de compreender as principais fases de desenvolvimento

- **Diagnóstico**: A identificação dos estádios do parasita é crucial para um diagnóstico e tratamento precisos das infecções parasitárias.
- **Tratamento**: O tratamento eficaz visa frequentemente fases específicas de desenvolvimento dos parasitas.
- **Prevenção**: O conhecimento das fases de desenvolvimento ajuda a desenvolver estratégias de prevenção, tais como práticas de higiene ou medidas de controlo de vectores.
- **Investigação e controlo**: A compreensão das fases do ciclo de vida ajuda na investigação sobre a biologia do parasita e no desenvolvimento de programas de controlo para a saúde pública.

5. PATOGÉNESE E DOENÇA NAS INFECÇÕES PARASITÁRIAS

As infecções parasitárias podem levar a uma vasta gama de doenças e resultados para a saúde, dependendo de factores como o tipo de parasita, a sua virulência, a resposta imunitária do hospedeiro e o local da infeção. A compreensão da patogénese das doenças parasitárias envolve o estudo da forma como os parasitas causam danos nos tecidos do hospedeiro e provocam respostas imunitárias.

1. Mecanismos de patogénese

- **Danos diretos nos tecidos**: Os parasitas podem danificar diretamente os tecidos do hospedeiro através de mecanismos físicos como a alimentação, a migração ou a invasão dos tecidos.
  - **Exemplo**: Os ovos de **Schistosoma spp.** depositados nos tecidos podem causar inflamação granulomatosa e fibrose.
  - **Exemplo**: **O Trypanosoma cruzi**, causador da doença de Chagas, invade as células do músculo cardíaco, provocando miocardite e lesões cardíacas.
- **Produção de toxinas**: Alguns parasitas produzem toxinas que contribuem para os danos nos tecidos e para os sintomas da doença.
  - **Exemplo**: **A Entamoeba histolytica** segrega amebapores e outras toxinas que destroem os tecidos do hospedeiro nos intestinos, levando à disenteria amebiana.
- **Modulação da resposta imunitária**: Os parasitas podem manipular a resposta imunitária do hospedeiro para facilitar a sua sobrevivência e reprodução.
  - **Exemplo**: **Os Plasmodium spp.** suprimem as respostas imunitárias do hospedeiro, permitindo-lhes persistir no fígado e nos glóbulos vermelhos sem serem eliminados.
- **Efeitos indirectos**: As infecções parasitárias podem levar indiretamente à desnutrição, à anemia ou a um desenvolvimento cognitivo deficiente, especialmente nas crianças.

- **Exemplo**: **Os ancilóstomos (Necator americanus, Ancylostoma duodenale)** alimentam-se de sangue nos intestinos, provocando anemia por deficiência de ferro.

2. **Manifestações clínicas**

- **Sintomas localizados**: Os sintomas podem depender do local da infeção e podem incluir dor, inchaço e danos nos tecidos.
  - **Exemplo:** A leishmaniose cutânea apresenta-se sob a forma de lesões cutâneas no local da picada do mosquito da areia.
- **Sintomas sistémicos**: Algumas infecções parasitárias podem causar sintomas sistémicos que afectam vários órgãos e sistemas.
  - **Exemplo**: A malária provoca febre, arrepios, anemia e, em casos graves, falência de órgãos.
- **Infecções crónicas**: As infecções parasitárias persistentes podem levar a doenças crónicas com implicações a longo prazo para a saúde.
  - **Exemplo**: A esquistossomose crónica pode causar fibrose hepática, hipertensão portal e cancro da bexiga.

3. **Resposta imunitária do hospedeiro**

- **Resposta inflamatória**: A resposta imunitária do hospedeiro aos parasitas envolve frequentemente uma inflamação destinada a conter e a eliminar a infeção.
  - **Exemplo**: As respostas inflamatórias à migração das larvas **de Ascaris lumbricoides** através dos tecidos podem causar inflamação eosinofílica.
- **Imunopatologia**: Em alguns casos, a resposta imunitária do hospedeiro pode contribuir para a lesão e patologia dos tecidos.
  - **Exemplo**: A resposta imunitária aos glóbulos vermelhos **infectados com Plasmodium** pode provocar malária cerebral e disfunção orgânica.

4. **Factores epidemiológicos**

- **Dinâmica de transmissão**: Compreender como os parasitas são transmitidos entre hospedeiros (diretamente ou através de vectores) é crucial para controlar a propagação de doenças.
  - **Exemplo**: As medidas de controlo dos vectores são essenciais para prevenir a transmissão da malária pelos mosquitos **Anopheles**.
- **Distribuição geográfica**: As doenças parasitárias têm frequentemente distribuições geográficas específicas influenciadas pelo clima, pela ecologia e por factores socioeconómicos.
  - **Exemplo**: **A oncocercose** (cegueira dos rios) é endémica em regiões com rios de caudal rápido onde as moscas negras se reproduzem.

5. **Impacto na saúde pública**

- **Peso da doença**: As infecções parasitárias contribuem significativamente para o peso global da doença, em especial em locais com poucos recursos.
  - **Exemplo**: As doenças tropicais negligenciadas afectam milhões de pessoas em todo o mundo, causando incapacidades e dificuldades económicas.
- **Estratégias de controlo**: As estratégias de controlo eficazes envolvem frequentemente uma combinação de quimioterapia, controlo de vectores, melhoria do saneamento e educação sanitária.
  - **Exemplo**: Os programas de administração de medicamentos em massa têm por objetivo reduzir a prevalência de doenças como a filariose linfática e a helmintíase transmitida pelo solo.

Conclusão

As infecções parasitárias conduzem a diversas manifestações clínicas e doenças através de vários mecanismos patogénicos. A compreensão da patogénese das doenças parasitárias é essencial para o desenvolvimento de estratégias eficazes de diagnóstico, tratamento, prevenção e controlo. Os avanços na parasitologia continuam a melhorar a nossa compreensão destes mecanismos e a aumentar os esforços para combater as infecções parasitárias a nível mundial.

5.1. Mecanismos de Patogenicidade em Infecções Parasitárias

A patogenicidade refere-se à capacidade dos parasitas de causar doenças nos seus hospedeiros. Os parasitas empregam vários mecanismos para estabelecer infecções, evadir as defesas do hospedeiro e induzir alterações patológicas que resultam em doenças. Aqui estão os principais mecanismos de patogenicidade em infecções parasitárias:

1. Adesão e invasão

- **Adesão**: Os parasitas aderem às células e tecidos do hospedeiro utilizando moléculas ou estruturas de superfície especializadas, facilitando a colonização e o estabelecimento.
  - **Exemplo**: **A Giardia lamblia** fixa-se ao epitélio intestinal através de um disco adesivo ventral.
- **Invasão**: Os parasitas invadem as células ou os tecidos do hospedeiro para escapar à deteção imunitária e explorar os recursos do hospedeiro para crescimento e reprodução.
  - **Exemplo**: **Os Plasmodium spp.** invadem as células do fígado e os glóbulos vermelhos durante as fases do seu ciclo de vida, evitando a vigilância imunitária.

2. Evasão imunitária

- **Variação antigénica**: Os parasitas alteram os seus antigénios de superfície ou revestem-se com proteínas do hospedeiro para evitar o reconhecimento e a destruição pelo sistema imunitário do hospedeiro.
  - **Exemplo**: **O Trypanosoma brucei** utiliza a variação antigénica das suas glicoproteínas de superfície para escapar aos anticorpos.
- **Imunomodulação**: Os parasitas produzem moléculas que modulam as respostas imunitárias do hospedeiro, promovendo a sua sobrevivência e persistência no hospedeiro.
  - **Exemplo**: **As Leishmania spp.** inibem a ativação dos macrófagos e promovem uma resposta imunitária de tendência Th2 que facilita a sobrevivência intracelular.

3. **Produção de toxinas**

- Alguns parasitas produzem toxinas que danificam diretamente as células ou os tecidos do hospedeiro, contribuindo para a patogénese da doença.

  o **Exemplo**: **A Entamoeba histolytica** segrega amebáforos e outros factores citotóxicos que causam a destruição dos tecidos nos intestinos, provocando a disenteria amebiana.

4. **Danos nos tecidos**

- Os parasitas podem causar danos nos tecidos através de meios mecânicos (por exemplo, alimentação ou migração) ou induzindo respostas inflamatórias no hospedeiro que levam à destruição dos tecidos.

  o **Exemplo**: Os ovos de **Schistosoma spp.** depositados nos tecidos desencadeiam uma inflamação granulomatosa e fibrose, provocando lesões nos órgãos.

5. **Aquisição de nutrientes**

- Os parasitas adquirem nutrientes do ambiente do hospedeiro, competindo com as células do hospedeiro pelos nutrientes essenciais necessários ao seu crescimento e reprodução.

  o **Exemplo**: **Os ancilóstomos** alimentam-se de sangue na mucosa intestinal, causando anemia por deficiência de ferro no hospedeiro.

6. **Transmissão mediada por vetor**

- Alguns parasitas utilizam vectores (como mosquitos, carraças ou caracóis) para transmitir estádios infecciosos entre hospedeiros, aumentando a sua capacidade de propagação e de causar doenças.

  o **Exemplo**: **Os Plasmodium spp.** utilizam os mosquitos Anopheles como vectores para transmitir a malária aos seres humanos, facilitando a sua transmissão e disseminação geográfica.

7. **Modulação da resposta imunitária do hospedeiro**

- Os parasitas manipulam as respostas imunitárias do hospedeiro para criar um ambiente favorável à sua sobrevivência e reprodução.

o **Exemplo**: **O Toxoplasma gondii** suprime as respostas imunitárias do hospedeiro para persistir nos tecidos do hospedeiro, causando uma infeção crónica.

8. **Estratégias de desenvolvimento**

- Os parasitas desenvolveram ciclos de vida complexos e estratégias de desenvolvimento que lhes permitem explorar diferentes ambientes e fases de vida do hospedeiro, maximizando as suas hipóteses de sobrevivência e transmissão.

  o **Exemplo**: **As ténias (Taenia spp.)** adaptam-se a diferentes ambientes de hospedeiros (hospedeiros definitivos como os seres humanos e hospedeiros intermediários como os porcos) para completar os seus ciclos de vida e assegurar a reprodução.

5.2. Tipos de doenças causadas por parasitas

Os parasitas podem causar uma grande variedade de doenças nos seres humanos, desde infecções ligeiras e localizadas a doenças graves e sistémicas. Estas doenças são frequentemente categorizadas com base no tipo de parasita envolvido e nos sintomas específicos que causam. Aqui estão alguns tipos de doenças causadas por parasitas:

1. **Doenças causadas por protozoários**

Os protozoários são organismos unicelulares que podem infetar vários tecidos e órgãos do corpo humano.

- **Malária**: Causada por protozoários parasitas do género *Plasmodium,* transmitida através da picada de mosquitos Anopheles infectados. Os sintomas incluem febre, arrepios e, em casos graves, lesões nos órgãos e morte.
- **Amebíase**: Causada pela *Entamoeba histolytica*, transmitida através de alimentos ou água contaminados. Afecta principalmente os intestinos e pode causar disenteria (diarreia com sangue) e abcessos hepáticos.
- **Toxoplasmose**: Causada pelo *Toxoplasma gondii*, transmitida através da ingestão de alimentos ou água contaminados, ou do contacto com fezes de gatos infectados. As infecções são frequentemente assintomáticas, mas

podem causar complicações graves em indivíduos imunocomprometidos ou infecções congénitas em mulheres grávidas.

- **Giardíase**: Causada pela *Giardia lamblia*, transmitida através da ingestão de cistos em alimentos ou água contaminados. Os sintomas incluem diarreia, cólicas abdominais e perda de peso.
- **Leishmaniose**: Causada por várias espécies de protozoários *Leishmania*, transmitida através da picada de flebótomos infectados. As manifestações clínicas variam desde lesões cutâneas localizadas (leishmaniose cutânea) até ao envolvimento visceral (leishmaniose visceral ou calazar).

2. Doenças helmínticas

Os helmintas são vermes parasitas que podem infetar os seres humanos através da ingestão de alimentos ou água contaminados, da penetração na pele ou da transmissão por vectores.

- **Ascaridíase**: Causada por *Ascaris lumbricoides*, o maior verme redondo intestinal. As infecções causam frequentemente desconforto abdominal, desnutrição e complicações como a obstrução intestinal.
- **Esquistossomose**: Causada por várias espécies de vermes sanguíneos *Schistosoma*, transmitidos através do contacto com água doce contaminada, habitada por caracóis infectados. As infecções crónicas podem provocar lesões no fígado, insuficiência renal e cancro da bexiga.
- **Infecções por ancilostomídeos**: Causadas por *Necator americanus* e *Ancylostoma duodenale,* transmitidas através da penetração da pele por larvas em solo contaminado. As infecções podem causar anemia e complicações intestinais.
- **Taeníase/Cisticercose**: A taeníase é causada por ténias adultas (*Taenia solium* da carne de porco e *Taenia saginata* da carne de vaca) nos intestinos, transmitidas através da ingestão de carne mal cozinhada. A cisticercose ocorre quando os seres humanos ingerem ovos de ténias, levando à formação de quistos larvares em tecidos como o cérebro e os músculos.

3. Doenças ectoparasitárias

Os ectoparasitas vivem na superfície do corpo do hospedeiro e podem causar irritação da pele, reacções alérgicas e transmissão de doenças infecciosas.

- **Sarna**: Causada pelo ácaro *Sarcoptes scabiei*, transmitida através do contacto prolongado pele com pele. Os sintomas incluem comichão intensa e erupção cutânea.
- **Infestações por piolhos**: Provocadas por várias espécies de piolhos (piolhos da cabeça, piolhos do corpo e piolhos púbicos), transmitidas através do contacto pessoal próximo ou da partilha de artigos contaminados. As infestações podem causar comichão e infecções cutâneas secundárias.

4. Doenças Parasitárias Transmitidas por Vectores

Parasitas transmitidos aos seres humanos através da picada de vetores artrópodes, como mosquitos, carrapatos e moscas.

- **Filariose**: Causada pelos vermes filariais *Wuchereria bancrofti*, *Brugia malayi* e *Brugia timori*, transmitidos através da picada de mosquitos infectados. As infecções podem levar a disfunção linfática e inchaço (linfedema).
- **Tripanossomíase Africana (Doença do Sono)**: Causada por *Trypanosoma brucei gambiense* e *Trypanosoma brucei rhodesiense*, transmitida através da picada de moscas tsé-tsé infectadas. Os sintomas evoluem de complicações neurológicas ligeiras a graves se não forem tratados.

Conclusão

As doenças parasitárias englobam um conjunto diversificado de doenças causadas por protozoários, helmintas e ectoparasitas. Estas doenças variam muito em termos de sintomas, vias de transmissão e distribuição geográfica, colocando desafios significativos à saúde mundial. As estratégias eficazes de prevenção e controlo, incluindo a melhoria do saneamento, o controlo dos vectores e o acesso ao tratamento, são essenciais para reduzir o peso das doenças parasitárias em todo o mundo.

6. MÉTODOS DE DIAGNÓSTICO EM PARASITOLOGIA

Os métodos de diagnóstico em parasitologia são cruciais para a identificação e confirmação de infecções parasitárias em ambientes clínicos. Estes métodos variam desde a visualização direta dos parasitas até às técnicas moleculares que detectam o ADN do parasita. Aqui estão alguns dos principais métodos de diagnóstico usados em parasitologia:

1. Exame Microscópico

Esfregaço direto: Exame microscópico de amostras clínicas (por exemplo, fezes, sangue, tecido) para detetar estádios do parasita, como ovos, larvas, quistos ou formas adultas.

Exemplos: **Exame das fezes** para deteção de quistos *de Giardia lamblia* e ovos *de Ascaris lumbricoides*; **esfregaço de sangue** para deteção de *Plasmodium* spp. na malária.

Técnicas de concentração: Métodos para aumentar a sensibilidade da deteção através da concentração de parasitas a partir de amostras clínicas.

Exemplos: **Concentração de formalina-éter** para deteção de quistos *de Entamoeba histolytica* nas fezes; **centrifugação** para deteção de *Trypanosoma* spp. no sangue.

2. Testes serológicos

Deteção de anticorpos: Os testes serológicos detectam os anticorpos produzidos pelo hospedeiro contra os antigénios do parasita.

Exemplos: **ELISA (Enzyme-Linked Immunosorbent Assay)** para anticorpos *contra Toxoplasma gondii* no soro; **testes de anticorpos IgG/IgM** para *Trypanosoma cruzi* na doença de Chagas.

3. Métodos moleculares

Reação em cadeia da polimerase (PCR): Amplifica e detecta o ADN ou ARN do parasita em amostras clínicas, proporcionando uma elevada sensibilidade e especificidade.

Exemplos: **PCR para Plasmodium** spp. em amostras de sangue; **PCR para Leishmania** spp. em amostras de tecidos.

Amplificação isotérmica mediada por laço (LAMP): Técnica de amplificação rápida de ácidos nucleicos utilizada para detetar sequências específicas de ADN de parasitas.

Exemplos: **LAMP para o diagnóstico de** infecções **de malária** no terreno.

4. **Técnicas de imagiologia**

Ultrassom: Imagiologia dos órgãos afectados por infecções parasitárias para detetar alterações estruturais causadas pelos parasitas.

Exemplos: **Ecografia do fígado** na esquistossomose para detetar fibrose e hepatomegalia.

5. **Deteção de antigénios**

Testes baseados em antigénios: Deteção de antigénios específicos do parasita em amostras clínicas, indicando infeção atual.

Exemplos: **Testes de diagnóstico rápido (RDT)** para antigénios *de Plasmodium* spp. na malária; **testes de deteção de antigénios** para *Echinococcus* spp. no fluido de quistos.

6. **Técnicas culturais**

Cultura de Parasitas: Crescimento in vitro de parasitas de amostras clínicas para identificar e caraterizar espécies.

Exemplos: **Cultura de *Leishmania* spp.** de lesões cutâneas para identificação de espécies e testes de suscetibilidade a medicamentos.

7. **Imagiologia molecular**

Hibridização Fluorescente In Situ (FISH): Utiliza sondas fluorescentes para visualizar e identificar sequências específicas de ADN ou ARN do parasita diretamente em amostras clínicas.

Exemplos: **FISH para *Cryptosporidium* spp.** em amostras fecais para deteção rápida.

8. Histopatologia

Biópsia de tecidos: Exame de amostras de tecidos para detetar parasitas ou os seus efeitos patológicos ao microscópio.

Exemplos: **Histopatologia de lesões cutâneas** para deteção de amastigotas *de Leishmania* spp.; **biopsia de** tecido **hepático** para deteção de ovos *de Schistosoma.*

6.1. Exame microscópico dos parasitas

O exame microscópico é um método fundamental em parasitologia para identificar vários estádios de parasitas em amostras clínicas. São utilizadas diferentes técnicas de microscopia, dependendo do tipo de amostra e do parasita específico que está a ser investigado. Segue-se uma visão geral das técnicas de microscopia comuns utilizadas no exame de parasitas:

1. Microscopia de luz

A microscopia ótica é amplamente utilizada para a visualização direta de parasitas e dos seus estádios em amostras clínicas. As amostras coradas e não coradas podem ser examinadas sob várias ampliações:

- **Microscopia de campo claro**: Microscopia de luz padrão utilizada para o exame de rotina de amostras coradas ou não coradas.
  - **Exemplos**: Exame de amostras de fezes para deteção de quistos *de Giardia lamblia* ou ovos *de Ascaris lumbricoides.*
- **Microscopia de contraste de fase**: Aumenta o contraste de amostras não coradas, tornando mais visíveis as estruturas transparentes (como organismos protozoários).
  - **Exemplos**: Deteção de *Plasmodium* spp. em esfregaços de sangue para o diagnóstico da malária.
- **Microscopia de contraste de interferência diferencial (DIC)**: Fornece imagens detalhadas com contraste melhorado e vistas tridimensionais dos parasitas e das suas estruturas internas.
  - **Exemplos**: Exame de *Trypanosoma* spp. móveis em esfregaços de sangue.

2. **Microscopia de fluorescência**

A microscopia de fluorescência utiliza corantes fluorescentes ou anticorpos para detetar parasitas ou antigénios específicos em amostras clínicas:

- **Ensaio de Imunofluorescência (IFA)**: Utiliza anticorpos marcados com fluorescência para detetar antigénios ou anticorpos específicos do parasita em amostras clínicas.
  - o **Exemplos**: Deteção de antigénios *de Toxoplasma gondii* ou *Trypanosoma cruzi* em amostras de tecido.
- **Coloração fluorescente**: Coloração direta ou indireta das estruturas do parasita com corantes fluorescentes para visualização.
  - o **Exemplos**: Coloração de oocistos *de Cryptosporidium* spp. em amostras fecais.

3. **Microscopia eletrónica**

A microscopia eletrónica fornece imagens de alta resolução da ultra-estrutura do parasita, úteis para uma análise morfológica detalhada:

- **Microscopia Eletrónica de Transmissão (TEM)**: Utiliza feixes de electrões para visualizar as estruturas internas dos parasitas com uma ampliação muito elevada.
  - o **Exemplos**: Exame pormenorizado dos estádios *de Plasmodium* spp. no tecido hepático ou no sangue.
- **Microscopia eletrónica de varrimento (SEM)**: Fornece vistas tridimensionais das superfícies e caraterísticas externas do parasita.
  - o **Exemplos**: Morfologia da superfície de ectoparasitas como ácaros ou piolhos.

Técnicas de preparação de espécimes:

- **Esfregaço direto**: Aplicação direta de amostras clínicas (por exemplo, fezes, sangue) numa lâmina de microscópio para exame imediato.

- **Exemplo**: Exame de fezes frescas para deteção de trofozoítos móveis de *Entamoeba histolytica*.

- **Técnicas de coloração**: São utilizadas várias colorações para aumentar o contraste e realçar estruturas específicas dos parasitas:
  - **Exemplos**: *Coloração de Giemsa* para esfregaços de sangue para detetar parasitas da malária; *coloração ácido-resistente modificada* para *Cryptosporidium* spp. em amostras fecais.

Conclusão

O exame microscópico continua a ser a pedra angular da parasitologia para a visualização direta e identificação de parasitas em amostras clínicas. Os avanços nas técnicas de microscopia continuam a melhorar a sensibilidade, a especificidade e a capacidade de detetar parasitas em várias fases dos seus ciclos de vida. Combinada com outros métodos de diagnóstico, como as técnicas moleculares e a serologia, a microscopia desempenha um papel crucial no diagnóstico e na gestão eficaz das infecções parasitárias.

6.2. Técnicas moleculares (por exemplo, PCR, sequenciação de ADN)

As técnicas moleculares revolucionaram o campo da parasitologia, fornecendo métodos altamente sensíveis e específicos para a deteção, identificação e caraterização de parasitas. Estas técnicas baseiam-se na deteção de ácidos nucleicos específicos do parasita (ADN ou ARN) em amostras clínicas. Aqui estão algumas das principais técnicas moleculares usadas em parasitologia:

1. Reação em cadeia da polimerase (PCR)

A PCR amplifica regiões específicas do ADN ou ARN do parasita, permitindo a deteção mesmo em baixas concentrações. É amplamente utilizada para:

- **Diagnóstico**: Deteção de ADN/ARN do parasita em amostras clínicas para confirmar infecções.
  - **Exemplo**: PCR para *Plasmodium* spp. em amostras de sangue para o diagnóstico da malária.

- **Identificação de espécies**: Diferenciação entre espécies de parasitas estreitamente relacionadas com base em marcadores genéticos.
  - **Exemplo**: Diferenciação baseada em PCR de *Leishmania* spp. para diagnóstico específico da espécie.
- **Quantificação**: Quantificação da carga parasitária em amostras clínicas para monitorizar a eficácia do tratamento.
  - **Exemplo**: PCR em tempo real (qPCR) para monitorizar a carga viral em infecções por *Cryptosporidium* spp.

2. Sequenciação de ADN

A sequenciação do ADN determina a sequência de nucleótidos do ADN do parasita, fornecendo informações genéticas pormenorizadas para:

- **Confirmação de espécies**: Confirmação da identidade das espécies de parasitas com base nas suas sequências genéticas.
  - **Exemplo**: Sequenciação do ADN *de Trypanosoma* spp. para distinguir entre *T. brucei* e *T. cruzi*.
- **Caracterização genética**: Estudo da diversidade genética, evolução e mutações de resistência a medicamentos em populações de parasitas.
  - **Exemplo**: Sequenciação do genoma completo de *Plasmodium* spp. para estudar os mecanismos de resistência aos medicamentos.

3. Amplificação Isotérmica Mediada por Loop (LAMP)

A LAMP é uma técnica alternativa de amplificação de ácidos nucleicos que amplifica o ADN em condições isotérmicas, o que a torna adequada para ambientes de campo sem equipamento sofisticado:

- **Diagnóstico rápido**: Deteção do ADN do parasita em amostras clínicas num curto espaço de tempo.
  - **Exemplo**: Ensaios LAMP para o diagnóstico da malária em contextos de recursos limitados.

4. Sequenciação de nova geração (NGS)

As tecnologias de NGS permitem a sequenciação de alto rendimento de múltiplos genomas de parasitas em simultâneo, oferecendo conhecimentos sobre:

- **Análise de todo o genoma**: Estudo de variações genéticas, genética populacional e relações evolutivas entre estirpes de parasitas.
    - **Exemplo**: NGS para compreender a diversidade genómica em *Schistosoma* spp.

5. Técnicas de hibridação

As técnicas de hibridação utilizam sondas de ácido nucleico para detetar sequências específicas de parasitas em amostras clínicas:

- **Hibridização in situ por fluorescência (FISH)**: Visualização do ADN/ARN do parasita in situ em amostras clínicas.
    - **Exemplo**: FISH para *Cryptosporidium* spp. em amostras de fezes.

Aplicações e vantagens:

- **Sensível e específico**: As técnicas moleculares oferecem uma elevada sensibilidade e especificidade para a deteção de baixas concentrações de parasitas.
- **Rapidez**: Os tempos de resposta rápidos permitem um diagnóstico e tratamento atempados.
- **Quantificação**: Capaz de quantificar a carga parasitária, ajudando a monitorizar a resposta ao tratamento.
- **Identificação de espécies**: Facilita a identificação exacta ao nível das espécies, crucial para estratégias de tratamento específicas.

7. TRATAMENTO E CONTROLO DAS INFECÇÕES PARASITÁRIAS

O tratamento e o controlo das infecções parasitárias envolvem uma abordagem multifacetada que inclui tanto a gestão individual do doente como estratégias de saúde pública. Aqui está uma visão geral dos principais aspectos envolvidos no tratamento e controlo das infecções parasitárias:

1. **Tratamento individual**

- - **Medicamentos antiparasitários**: São utilizados medicamentos específicos para combater diferentes tipos de parasitas, incluindo protozoários e helmintas.
  - **Exemplos**:
    - **Malária**: Terapias combinadas à base de artemisinina (ACTs) para a malária não complicada causada por *Plasmodium* spp.
    - **Parasitas intestinais**: Albendazol ou mebendazol para tratar infecções como ascaridíase ou ancilostomíase.
    - **Tripanossomíase**: Suramin ou melarsoprol para infecções por *Trypanosoma brucei*.
- **Combinações de medicamentos**: Algumas infecções parasitárias requerem terapias combinadas para melhorar a eficácia e prevenir a resistência.
  - **Exemplo**: Terapia combinada com praziquantel e albendazol para tratar a esquistossomose e a helmintíase transmitida pelo solo.
- **Cuidados de apoio**: Tratamento dos sintomas e das complicações associadas às infecções parasitárias, como a desidratação nas doenças diarreicas ou a anemia nas infecções por ancilóstomos.

2. **Estratégias de prevenção**

- **Controlo de vectores**: Visar os vectores (por exemplo, mosquitos, moscas) para reduzir a transmissão de doenças parasitárias transmitidas por vectores.
  - **Exemplos**: Redes mosquiteiras tratadas com inseticida para a prevenção da malária; gestão ambiental para reduzir os locais de reprodução dos mosquitos da filariose.

- **Medidas de proteção individual**: Acções individuais para evitar a exposição a parasitas e reduzir a transmissão.
  - **Exemplos**: Práticas adequadas de saneamento e higiene, utilização de vestuário de proteção em zonas endémicas.
- **Quimioprofilaxia**: Administração de medicamentos para prevenir a infeção em indivíduos com elevado risco de exposição.
  - **Exemplos**: Tratamento profilático com medicamentos antimaláricos para quem viaja para regiões endémicas.

3. Intervenções de saúde pública

- **Administração de medicamentos em massa (MDA)**: Distribuição em larga escala de medicamentos antiparasitários a comunidades ou populações inteiras em risco.
  - **Exemplos**: Campanhas de MDA para filariose linfática, oncocercose e infecções por helmintos transmitidos pelo solo.
- **Educação para a saúde**: Promover a sensibilização e educar as comunidades sobre medidas preventivas, sintomas de infecções parasitárias e opções de tratamento.
  - **Exemplos**: Agentes comunitários de saúde que fornecem educação sobre práticas de água potável e saneamento.
- **Vigilância e Monitorização**: Monitorizar a prevalência e a distribuição das infecções parasitárias para orientar as estratégias de tratamento e avaliar os programas de controlo.
  - **Exemplos**: Inquéritos parasitológicos regulares em áreas endémicas para avaliar as taxas de infeção e a eficácia do tratamento.

4. Investigação e desenvolvimento

- **Novos medicamentos e vacinas**: Esforços de investigação para desenvolver novos medicamentos antiparasitários com perfis de eficácia e segurança melhorados.

- **Exemplos**: Desenvolvimento de vacinas contra a malária e investigação de novos alvos de medicamentos para doenças tropicais negligenciadas.

- **Ferramentas de diagnóstico**: Avanço dos métodos de diagnóstico para melhorar a sensibilidade, especificidade e acessibilidade da deteção em contextos de recursos limitados.
  - **Exemplos**: Testes de diagnóstico no local de prestação de cuidados para a deteção rápida da malária ou da esquistossomose.

Desafios e considerações

- **Resistência aos medicamentos**: Monitorização e gestão da resistência aos medicamentos nos parasitas, o que exige uma utilização cuidadosa dos medicamentos antiparasitários.
- **Factores socioeconómicos**: Abordar a pobreza, a falta de acesso aos cuidados de saúde e o saneamento inadequado como factores subjacentes que contribuem para as infecções parasitárias.
- **Coordenação global**: Colaboração entre governos, ONGs e organizações internacionais para implementar estratégias de controlo eficazes além-fronteiras.

Conclusão

O tratamento e o controlo das infecções parasitárias requerem abordagens integradas que envolvam o tratamento individual, medidas preventivas, intervenções de saúde pública e investigação contínua. Ao abordar tanto os factores médicos como os ambientais, é possível reduzir o peso das doenças parasitárias e melhorar os resultados de saúde a nível mundial. O investimento contínuo em investigação, vigilância e envolvimento da comunidade é essencial para o controlo sustentável e a eventual eliminação das infecções parasitárias.

7.1. Medicamentos antiparasitários e respectivos modos de ação

Os medicamentos antiparasitários têm como alvo mecanismos ou estruturas específicas essenciais para a sobrevivência, o crescimento ou a reprodução dos parasitas. O modo de ação destes medicamentos varia em função do tipo de parasita que se destinam a tratar. Eis alguns medicamentos antiparasitários comuns e os seus modos de ação:

1. Medicamentos antimaláricos

- Artemisinina e seus derivados:
  - **Modo de ação**: A artemisinina e os seus derivados, como o artesunato e o arteméter, exercem o seu efeito antiparasitário gerando radicais livres e danificando as proteínas e as membranas do parasita, levando à sua morte.
- Cloroquina:
  - **Modo de ação**: A cloroquina acumula-se no vacúolo alimentar ácido do parasita da malária (*Plasmodium* spp.) e inibe a polimerização do heme, interrompendo assim a digestão da hemoglobina e levando à morte do parasita.
- Mefloquina:
  - **Modo de ação**: A mefloquina interfere com a síntese proteica do parasita e perturba a homeostase do cálcio, conduzindo, em última análise, à morte do parasita.

2. Medicamentos antiprotozoários

- **Metronidazol** (utilizado para a amebíase e a giardíase):
  - **Modo de ação**: O metronidazol entra na célula do parasita onde sofre redução pelas proteínas intracelulares de transporte de electrões. Os compostos reactivos resultantes danificam o ADN e outras macromoléculas, levando à morte do parasita.
- **Pentamidina** (utilizada para a leishmaniose e a tripanossomíase africana):
  - **Modo de ação**: A pentamidina interfere com a função mitocondrial do parasita, perturbando o metabolismo energético e, em última análise, causando a morte celular.
- **Atovaquona** (utilizada para a malária e a toxoplasmose):
  - **Modo de ação**: Atovaquone inibe o transporte de electrões mitocondrial, levando a uma diminuição da produção de ATP e à morte do parasita.

3. **Medicamentos anti-helmínticos (Medicamentos anti-helmínticos)**

- **Albendazol e Mebendazol** (utilizados para infecções por helmintos transmitidos pelo solo, como ascaridíase e ancilostomíase):
  - o **Modo de ação**: Estes fármacos inibem a síntese de microtúbulos no parasita, perturbando o seu metabolismo e provocando a sua imobilização e morte.
- **Praziquantel** (utilizado para a esquistossomose, cisticercose e outras infecções por ténias):
  - o **Modo de ação**: O Praziquantel aumenta a permeabilidade da membrana celular do parasita aos iões de cálcio, provocando a contração e a paralisia da musculatura do verme e o subsequente desprendimento do tecido do hospedeiro.
- **Ivermectina** (utilizada para a oncocercose e a filariose linfática):
  - o **Modo de ação**: A ivermectina liga-se aos canais de cloreto activados pelo glutamato nas células nervosas e musculares dos parasitas, provocando um influxo de iões cloreto e a hiperpolarização da membrana celular do parasita, levando à paralisia e morte do parasita.

4. **Ectoparasiticidas**

- **Permetrina** (utilizada contra a sarna e os piolhos):
  - o **Modo de ação**: A permetrina actua no sistema nervoso dos ectoparasitas ao perturbar os canais de sódio, provocando a paralisia e a morte do parasita.
- **Ivermectina** (também utilizada para ectoparasitas como a sarna e certos tipos de ácaros):
  - o **Modo de ação**: Como já foi referido, o modo de ação da ivermectina consiste em ligar-se aos canais de cloreto activados pelo glutamato nas células nervosas e musculares dos parasitas, causando paralisia e morte.

Conclusão

Os medicamentos antiparasitários têm como alvo vias ou estruturas bioquímicas específicas nos parasitas, perturbando a sua função normal e, em última análise, levando à sua morte ou eliminação do hospedeiro. A escolha do medicamento e do regime de tratamento depende do tipo de parasita, da gravidade da infeção, da disponibilidade do medicamento e dos padrões de resistência locais. A investigação e o desenvolvimento contínuos são essenciais para combater a resistência emergente aos medicamentos e melhorar os resultados do tratamento das infecções parasitárias a nível mundial.

7.2. Medidas de saúde pública para prevenção e controlo

As medidas de saúde pública para a prevenção e controlo das infecções parasitárias envolvem uma combinação de estratégias destinadas a reduzir a transmissão, melhorar o saneamento e promover a educação sanitária. Estas medidas são essenciais para controlar as doenças parasitárias, especialmente em áreas onde são endémicas. Eis as principais medidas de saúde pública:

1. **Controlo Vetorial**

- **Redes mosquiteiras tratadas** com insecticidas: Distribuição de redes mosquiteiras tratadas com insecticidas (por exemplo, piretróides) para reduzir a transmissão nocturna de doenças transmitidas por vectores como a malária e a filariose linfática.
- **Pulverização residual em interiores**: Aplicação de insecticidas nas superfícies interiores das casas para matar mosquitos e outros vectores que transmitem doenças como a malária e a dengue.
- **Gestão ambiental**: Reduzir os locais de reprodução de vectores, melhorando a drenagem da água, cobrindo os contentores de armazenamento de água e promovendo uma gestão adequada dos resíduos sólidos.

2. **Acesso a água potável e saneamento**

- **Abastecimento seguro de água**: Garantir o acesso a água potável através de infra-estruturas melhoradas, tais como sistemas de água canalizada, furos ou instalações de tratamento de água.

- **Saneamento**: Promover a eliminação adequada dos dejectos humanos e incentivar a utilização de latrinas ou casas de banho para evitar a contaminação das fontes de água com matéria fecal, que pode transmitir doenças como a amebíase e a cólera.
- **Promoção da higiene**: Educar as comunidades sobre a lavagem das mãos com sabão, práticas adequadas de manuseamento de alimentos e higiene pessoal para reduzir a transmissão de doenças diarreicas causadas por parasitas como *a Giardia* e *o Cryptosporidium.*

3. Administração de Medicamentos em Massa (MDA)

- **Campanhas de tratamento direcionado**: Distribuição periódica de medicamentos antiparasitários a comunidades ou populações inteiras em risco de infecções parasitárias específicas, como a filariose linfática, a oncocercose e a helmintíase transmitida pelo solo.
- **Integração com outros programas de saúde**: Incorporar a MDA nos serviços e campanhas de saúde existentes para maximizar a cobertura e a eficácia.

4. Educação para a saúde e comunicação sobre mudanças de comportamento

- **Envolvimento da comunidade**: Envolver as comunidades na compreensão das causas, transmissão e prevenção de doenças parasitárias através de abordagens participativas e mensagens culturalmente adequadas.
- **Programas de saúde escolar**: Integrar a prevenção de doenças parasitárias nos currículos escolares para educar as crianças sobre práticas de higiene e incentivar a mudança de comportamento nos agregados familiares.

5. Vigilância e resposta

- **Vigilância Epidemiológica**: Monitorização da prevalência, distribuição e tendências das infecções parasitárias através de sistemas de vigilância de rotina para orientar as estratégias de controlo e detetar precocemente os surtos.
- **Resposta a surtos**: Resposta rápida a surtos de doenças parasitárias através da gestão de casos, controlo de vectores e mobilização da comunidade.

6. Investigação e inovação

- **Novas ferramentas e estratégias**: Investir na investigação e no desenvolvimento de novas ferramentas de diagnóstico, vacinas e medicamentos antiparasitários para melhorar a prevenção, o diagnóstico e os resultados do tratamento.

- **Reforço das capacidades**: Reforço dos sistemas de saúde locais, das infra-estruturas laboratoriais e dos recursos humanos para manter medidas de controlo eficazes e responder aos desafios emergentes.

Conclusão

A prevenção e o controlo eficazes das infecções parasitárias exigem esforços coordenados em vários sectores, incluindo a saúde, a água, o saneamento e a educação. Ao implementar estas medidas de saúde pública, os países podem reduzir significativamente o peso das doenças parasitárias, melhorar os resultados de saúde da comunidade e contribuir para alcançar as metas globais de saúde, como os Objectivos de Desenvolvimento Sustentável (ODS). A monitorização, a avaliação e a adaptação contínuas das estratégias são essenciais para enfrentar os desafios em evolução e garantir um progresso sustentável no combate às infecções parasitárias em todo o mundo.

8. IMPACTO ECONÓMICO E ECOLÓGICO DOS PARASITAS

Os parasitas podem ter impactos económicos e ecológicos significativos tanto nas populações humanas como nos ecossistemas. Estes impactos variam em função de factores como o tipo de parasita, a sua gama de hospedeiros, a dinâmica de transmissão e as condições ambientais. Eis um resumo dos impactos económicos e ecológicos dos parasitas:

Impacto económico

1. **Custos dos cuidados de saúde**: As infecções parasitárias podem levar a um aumento das despesas de saúde devido ao diagnóstico, tratamento e gestão das doenças associadas.
   - **Exemplo**: A malária impõe encargos económicos substanciais nas regiões endémicas através dos custos dos cuidados de saúde e da perda de produtividade.
2. **Perdas de produtividade**: As infecções parasitárias crónicas ou graves podem reduzir a produtividade da mão de obra e a produção agrícola.
   - **Exemplo**: As infecções por helmintas transmitidas pelo solo podem levar à subnutrição e ao atraso no crescimento das crianças, afectando o seu desenvolvimento cognitivo e o seu potencial de rendimento futuro.
3. **Perdas na pecuária e na agricultura**: Os parasitas podem infetar o gado e as culturas agrícolas, levando a uma redução do rendimento, a produtos de menor qualidade e a perdas económicas para os agricultores.
   - **Exemplo**: Os parasitas do gado, como o *Trypanosoma* spp. e as carraças, podem causar doenças como a tripanossomíase animal africana e as doenças transmitidas por carraças, reduzindo a produção de leite e de carne.
4. **Impacto no turismo**: As doenças parasitárias podem impedir o turismo e as viagens para as regiões afectadas, afectando as economias locais que dependem das receitas do turismo.
   - **Exemplo**: A esquistossomose e a malária são exemplos de doenças que podem desencorajar o turismo em regiões tropicais.

5. **Restrições comerciais**: As infecções parasitárias no gado e nas culturas podem levar a restrições comerciais impostas por países importadores preocupados com a transmissão de doenças.
   - o **Exemplo**: Medidas de quarentena para animais infectados com *Schistosoma* spp. ou *Fasciola* spp.

Impacto ecológico

1. **Biodiversidade**: Os parasitas desempenham papéis essenciais nos processos ecológicos e podem influenciar a dinâmica da população hospedeira e a estrutura da comunidade.
   - o **Exemplo**: Os parasitas podem regular as populações de hospedeiros, afectando as interações presa-predador e a diversidade das espécies.
2. **Dinâmica hospedeiro-parasita**: Os parasitas podem influenciar o comportamento do hospedeiro, a fisiologia e a genética da população, contribuindo para os processos evolutivos.
   - o **Exemplo**: A co-evolução entre hospedeiros e parasitas pode conduzir à diversidade genética e à adaptação de ambas as espécies.
3. **Serviços ecossistémicos**: Os parasitas podem afetar o funcionamento dos ecossistemas e os serviços prestados pelos sistemas naturais, como o ciclo de nutrientes e a decomposição.
   - o **Exemplo**: Os parasitas de espécies-chave podem ter um impacto indireto em ecossistemas inteiros, alterando o comportamento e a dinâmica populacional dos seus hospedeiros.
4. **Dinâmica das Espécies Invasoras**: Os parasitas podem influenciar o sucesso e o impacto das espécies invasivas, reduzindo a sua aptidão e as taxas de crescimento da população.
   - o **Exemplo**: A introdução de agentes patogénicos parasitas pode contribuir para o declínio de espécies invasoras em novos ambientes.

Conclusão

A compreensão dos impactos económicos e ecológicos dos parasitas é crucial para o desenvolvimento de estratégias eficazes de prevenção, controlo e gestão das doenças. As abordagens integradas que consideram tanto a saúde humana como a saúde do ecossistema são essenciais para atenuar estes impactos e promover o desenvolvimento sustentável. A investigação contínua, a vigilância e a colaboração entre sectores são necessárias para enfrentar os desafios colocados pelas infecções parasitárias e as suas consequências para as economias e os ecossistemas a nível mundial.

8.1. Impacto na agricultura, na pecuária e na vida selvagem

Os parasitas podem ter um impacto significativo na agricultura, na pecuária e na vida selvagem, afectando de várias formas a produção, a saúde e a biodiversidade. Eis uma análise detalhada do seu impacto nestes sectores:

Impacto na agricultura

1. **Doenças das culturas**: As infecções parasitárias nas plantas podem levar à redução do rendimento, à diminuição da qualidade dos produtos e a perdas económicas para os agricultores.
   - **Exemplo**: Os nemátodos parasitas das plantas podem danificar as raízes, reduzir a absorção de nutrientes e tornar as plantas mais susceptíveis a outras doenças.
2. **Saúde do solo**: Parasitas como os nemátodos podem perturbar os ecossistemas do solo, afectando a estrutura do solo, o ciclo de nutrientes e a saúde geral do solo.
   - **Exemplo**: Os nemátodos das galhas podem causar galhas nas raízes e afetar a absorção de água e nutrientes pelas plantas, reduzindo a produtividade das culturas.
3. **Interações com pragas**: Os parasitas podem influenciar a dinâmica das pragas ao afectarem os insectos vectores ou ao terem um impacto direto nas pragas que danificam as culturas.

- o **Exemplo**: Os fungos parasitas, como *a Beauveria bassiana*, são utilizados como agentes de biocontrolo contra insectos nocivos, reduzindo a necessidade de pesticidas químicos.

Impacto na pecuária

1. **Transmissão de doenças**: Os parasitas que infectam o gado podem causar doenças como infecções gastrointestinais, anemia e doenças de pele.
   - o **Exemplo**: Os parasitas dos bovinos, como o *Trypanosoma* spp. e as carraças, podem transmitir doenças como a tripanossomíase animal africana e as doenças transmitidas por carraças.
2. **Redução da produtividade**: As infecções parasitárias podem levar à redução da produção de leite e de carne, à perda de peso e a um menor desempenho reprodutivo do gado.
   - o **Exemplo**: As infecções por *Fasciola hepatica* nos bovinos podem causar danos no fígado, reduzindo a produção de leite e as taxas de crescimento.
3. **Perdas económicas**: O tratamento e a gestão das infecções parasitárias no gado podem levar a um aumento dos custos veterinários e a uma diminuição da rentabilidade para os agricultores.

   Exemplo: Os programas regulares de desparasitação e controlo de carraças são essenciais para evitar perdas económicas devido a infecções parasitárias.

Impacto na vida selvagem

1. **Dinâmica das populações**: Os parasitas podem influenciar as populações de animais selvagens causando doenças, reduzindo o sucesso reprodutivo e afectando as taxas de sobrevivência.
   - o **Exemplo**: *Sarcoptes scabiei*, um ácaro parasita, pode causar sarna em espécies selvagens como raposas e ursos, levando a declínios populacionais em algumas regiões.

2. **Preocupações com a conservação**: As infecções parasitárias podem ameaçar espécies ameaçadas de extinção e contribuir para o declínio das populações e extinções locais.

   o **Exemplo**: As infecções parasitárias podem enfraquecer o sistema imunitário e tornar a vida selvagem mais suscetível a outras ameaças, como a perda de habitat e as alterações climáticas.

3. **Interações ecológicas**: Os parasitas podem alterar a dinâmica predador-presa, a estrutura da comunidade e o funcionamento do ecossistema em habitats de vida selvagem.

   o **Exemplo**: Os parasitas de espécies-chave podem afetar a dinâmica da cadeia alimentar e o ciclo de nutrientes nos ecossistemas, influenciando a biodiversidade global.

Estratégias de atenuação

- **Vigilância de doenças**: Monitorização e deteção precoce de infecções parasitárias na agricultura, pecuária e vida selvagem para implementar intervenções atempadas.
- **Gestão Integrada de Pragas**: Utilização de uma combinação de agentes de controlo biológico, práticas culturais e tratamentos químicos para gerir os parasitas em ambientes agrícolas.
- **Medidas de Quarentena e Biossegurança**: Implementação de medidas para evitar a introdução e a propagação de parasitas nas populações de gado e de animais selvagens.
- **Estratégias de Conservação**: Incorporar a gestão de doenças parasitárias em programas de conservação da vida selvagem para proteger espécies e ecossistemas vulneráveis.

8.2. Parasitas como indicadores da saúde do ecossistema

Os parasitas podem servir como indicadores valiosos da saúde dos ecossistemas devido à sua sensibilidade às alterações ambientais e às suas interações com as populações hospedeiras. A monitorização das populações de parasitas e da sua dinâmica pode fornecer informações sobre a saúde geral e a integridade dos ecossistemas. Eis como os parasitas podem atuar como indicadores da saúde dos ecossistemas:

1. **Biodiversidade e dinâmica das populações hospedeiras**

- **Abundância e diversidade de hospedeiros**: A diversidade dos parasitas reflecte frequentemente a diversidade das espécies hospedeiras. As alterações nas comunidades de parasitas podem refletir mudanças nas populações de hospedeiros devido a factores como a perda de habitat, alterações climáticas ou espécies invasoras.
  - **Exemplo**: O declínio das populações de anfíbios devido à destruição do habitat pode refletir-se em alterações nas cargas de parasitas e na diversidade das espécies.
- **Estado do hospedeiro**: A prevalência e a intensidade dos parasitas podem indicar o estado de saúde das populações hospedeiras. Os factores de stress que afectam a aptidão do hospedeiro, como a poluição ou a degradação do habitat, podem aumentar a suscetibilidade a infecções parasitárias.
  - **Exemplo**: Cargas elevadas de parasitas nas populações de peixes podem indicar má qualidade da água ou contaminação dos ecossistemas aquáticos.

2. **Alterações ambientais e distribuição de parasitas**

- **Alterações climáticas**: As alterações nos padrões de temperatura e precipitação podem afetar os ciclos de vida, a distribuição e a dinâmica de transmissão dos parasitas. A monitorização destas alterações através das comunidades de parasitas pode fornecer alertas precoces de impactos ecológicos.
  - **Exemplo**: As mudanças nos padrões de transmissão da malária devido às alterações climáticas afectam a distribuição de *Plasmodium* spp. e dos seus mosquitos vectores.
- **Poluição e Contaminantes**: Os poluentes ambientais podem alterar as respostas imunitárias dos hospedeiros, afectando a sua suscetibilidade a infecções parasitárias. Os parasitas podem acumular poluentes, tornando-os bioindicadores de contaminação ambiental.
  - **Exemplo**: A contaminação por metais pesados no solo ou na água pode afetar as infecções por parasitas em organismos terrestres e aquáticos.

3. **Funcionamento do ecossistema e interações tróficas**

- **Dinâmica da teia alimentar**: Os parasitas desempenham um papel na regulação das populações de hospedeiros e influenciam as interações predador-presa nos ecossistemas. As alterações nas comunidades de parasitas podem perturbar as cascatas tróficas e alterar a estabilidade dos ecossistemas.
  - **Exemplo**: Os parasitas de espécies-chave podem afetar a saúde do ecossistema ao influenciar o comportamento, a dinâmica da população ou a sobrevivência de organismos-chave.
- **Ciclo de nutrientes**: Os parasitas contribuem para o ciclo de nutrientes, influenciando as taxas de decomposição dos hospedeiros e dos detritos. As alterações nas comunidades de parasitas podem afetar a disponibilidade e o ciclo de nutrientes nos ecossistemas.
  - **Exemplo**: As infecções parasitárias em organismos decompositores como os fungos podem afetar as taxas de renovação de nutrientes nos ecossistemas florestais.

4. **Aplicações de conservação e gestão**

- **Conservação da vida selvagem**: A monitorização da diversidade de parasitas e dos padrões de infeção na vida selvagem pode informar os esforços de conservação, identificando ameaças a espécies ameaçadas e avaliando a saúde do ecossistema em áreas protegidas.
  - **Exemplo**: Os programas de monitorização de parasitas ajudam a monitorizar a saúde de espécies ameaçadas, como anfíbios ou aves, em habitats de conservação.
- **Ecossistemas aquáticos**: Os parasitas são indicadores particularmente sensíveis da saúde dos ecossistemas aquáticos devido à sua dependência da qualidade da água, da temperatura e das condições do habitat. A monitorização das comunidades de parasitas pode avaliar os impactos da poluição, da degradação do habitat e das alterações climáticas na biodiversidade aquática.
  - **Exemplo**: A monitorização de infecções parasitárias em mexilhões de água doce pode indicar a saúde dos ecossistemas de água doce e a qualidade da água.

9. QUESTÕES EMERGENTES EM PARASITOLOGIA

As questões emergentes em parasitologia reflectem os desafios actuais e os novos desenvolvimentos na área, influenciados por factores como as alterações climáticas, a globalização, a resistência antimicrobiana e a evolução das interações hospedeiro-parasita. Aqui estão algumas questões emergentes notáveis:

1. **Alterações climáticas e distribuição de parasitas**

- **Mudanças na área geográfica**: As alterações climáticas alteram os padrões de temperatura e precipitação, afectando a distribuição e a abundância dos parasitas e dos seus vectores.
  - **Exemplo**: Expansão de zonas de transmissão do paludismo para altitudes mais elevadas ou zonas anteriormente não

    regiões endémicas devido a temperaturas mais quentes.
- **Dinâmica de transmissão alterada**: As alterações climáticas podem acelerar os ciclos de vida dos parasitas, aumentar as taxas de reprodução dos vectores e prolongar as épocas de transmissão.
  - **Exemplo**: Aumento da incidência de doenças transmitidas por vectores, como a dengue e a leishmaniose, em regiões com condições mais quentes e húmidas.

2. **Globalização e infecções relacionadas com viagens**

- **Doenças parasitárias importadas**: As viagens e o comércio internacionais facilitam a propagação de infecções parasitárias entre regiões e continentes.
  - **Exemplo**: Introdução de parasitas tropicais em zonas não endémicas através da migração ou do turismo, conduzindo a surtos locais.
- **Resistência aos medicamentos**: A circulação global de pessoas e bens contribui para a propagação de parasitas resistentes aos medicamentos, o que põe em causa os esforços de tratamento.
  - **Exemplo**: Propagação de parasitas da malária resistentes à artemisinina do Sudeste Asiático para outras regiões, complicando os esforços de controlo da malária.

3. **Resistência antimicrobiana**

- **Resistência parasitária**: A resistência aos medicamentos antiparasitários, como os antimaláricos e anti-helmínticos, está a aumentar, limitando as opções de tratamento e a eficácia.
    - o **Exemplo**: Resistência às terapias à base de artemisinina nos parasitas da malária, o que exige terapias combinadas e o desenvolvimento de novos medicamentos.

4. **Vida selvagem e parasitas zoonóticos**

- **Zoonoses emergentes: Os parasitas com potencial para atravessar as barreiras entre espécies, desde a vida selvagem até aos seres humanos, representam ameaças para a saúde pública.**
    - o **Exemplo**: Transmissão zoonótica de *Cryptosporidium* spp. de animais selvagens para seres humanos através de fontes de água contaminadas.
- **Impacto ecológico**: Os parasitas que afectam as populações de animais selvagens podem perturbar os ecossistemas e a biodiversidade, influenciando os esforços de conservação.
    - o **Exemplo**: Doenças como a síndrome do nariz branco nos morcegos, causada pelo *Pseudogymnoascus destructans*, afectam as populações de morcegos e os serviços ecossistémicos.

5. **Avanços tecnológicos no diagnóstico e na investigação**

- **Genómica e epidemiologia molecular**: Os avanços na sequenciação do ADN e nas técnicas moleculares melhoram a nossa compreensão da diversidade, evolução e resistência dos parasitas aos medicamentos.
    - o **Exemplo**: Sequenciação de todo o genoma de parasitas para acompanhar a dinâmica de transmissão e a diversidade genética.
- **Diagnóstico no local de prestação de cuidados**: O desenvolvimento de testes de diagnóstico rápido melhora a deteção precoce e a gestão das infecções parasitárias em ambientes com recursos limitados.

- **Exemplo**: Utilização de testes de diagnóstico rápido da malária e das doenças tropicais negligenciadas para orientar as decisões de tratamento em zonas remotas.

6. **Abordagens "Uma Só Saúde**

- **Colaboração interdisciplinar**: Integrar a saúde humana, a saúde animal e os factores ambientais para abordar doenças parasitárias complexas e os seus impactos.
  - **Exemplo**: Iniciativas "Uma Só Saúde" para a vigilância e o controlo de parasitas zoonóticos como o *Echinococcus multilocularis*.

9.1. Resistência a medicamentos em parasitas

A resistência dos parasitas aos medicamentos é um desafio significativo e em evolução na saúde pública e na medicina veterinária. Refere-se à capacidade de os parasitas sobreviverem e se multiplicarem apesar da exposição a medicamentos que anteriormente eram eficazes contra eles. Aqui está uma visão geral da resistência aos medicamentos em parasitas:

Mecanismos de resistência aos medicamentos

1. **Redução da absorção de fármacos**: Os parasitas podem desenvolver mecanismos para reduzir a absorção de fármacos nas suas células ou tecidos, limitando assim a concentração do fármaco disponível para exercer o seu efeito.

2. **Melhoria do efluxo de fármacos**: Alguns parasitas podem bombear ativamente fármacos para fora das suas células, reduzindo as concentrações intracelulares de fármacos e impedindo a acumulação de fármacos suficiente para matar o parasita.

3. **Modificação do sítio alvo**: Os parasitas podem desenvolver mutações nos locais-alvo dos medicamentos, como enzimas ou receptores, tornando-os menos susceptíveis aos efeitos inibitórios do medicamento.

4. **Contorno metabólico**: Os parasitas podem desenvolver vias metabólicas alternativas para contornar o modo de ação do medicamento, mantendo assim a sua sobrevivência e reprodução apesar da exposição ao medicamento.

Factores que contribuem para a resistência aos medicamentos

1. **Uso excessivo e incorreto de medicamentos**: O uso inadequado de medicamentos antiparasitários, incluindo dosagem incorrecta, cursos de tratamento incompletos e uso generalizado na agricultura, pode acelerar o desenvolvimento de resistência.
2. **Má qualidade dos medicamentos**: Os medicamentos de qualidade inferior ou contrafeitos podem conter ingredientes activos insuficientes, contribuindo para falhas no tratamento e para o aparecimento de parasitas resistentes aos medicamentos.
3. **Seleção natural**: Os parasitas com resistência inerente aos medicamentos sobrevivem ao tratamento e transmitem as caraterísticas de resistência às gerações seguintes, levando à disseminação da resistência nas populações de parasitas.

Exemplos de Parasitas Resistentes a Medicamentos

1. **Malária**: A resistência a múltiplos medicamentos antimaláricos, incluindo a cloroquina e a sulfadoxina-pirimetamina, surgiu no *Plasmodium* spp. em particular em regiões como o Sudeste Asiático e a África Subsariana.
2. **Helmintos transmitidos pelo solo**: Algumas espécies de vermes intestinais, como o *Ascaris lumbricoides* e *o Trichuris trichiura*, mostraram uma suscetibilidade reduzida a medicamentos anti-helmínticos como o albendazol e o mebendazol.
3. **Tripanossomas**: *O Trypanosoma brucei*, o agente causador da tripanossomíase africana, desenvolveu resistência a medicamentos como o melarsoprol e a pentamidina, o que complica as opções de tratamento.
4. **Leishmania**: A resistência aos medicamentos nas espécies de *Leishmania*, que causam a leishmaniose, foi registada contra os antimoniais, o tratamento de primeira linha em algumas regiões.

Combater a resistência aos medicamentos

1. **Terapias combinadas**: A utilização de vários medicamentos com diferentes mecanismos de ação pode atrasar o aparecimento de resistência e melhorar a eficácia do tratamento.
   - **Exemplo**: As terapias combinadas à base de artemisinina (ACT) para a malária combinam derivados de artemisinina com medicamentos parceiros para tratar a malária sem complicações e retardar a resistência.
2. **Rotação e ciclo de medicamentos**: A alternância ou rotação de diferentes classes de medicamentos pode reduzir a pressão de seleção sobre os parasitas e prolongar a eficácia dos tratamentos antiparasitários.
3. **Vigilância e monitorização**: A monitorização regular da eficácia dos medicamentos e dos padrões de resistência nas populações de parasitas é crucial para detetar resistências emergentes e orientar as políticas de tratamento.
4. **Investigação e desenvolvimento**: O investimento contínuo na investigação de novos medicamentos antiparasitários, vacinas e instrumentos de diagnóstico é essencial para nos mantermos à frente dos mecanismos de resistência em evolução.

Conclusão

A resistência dos parasitas aos medicamentos representa uma ameaça significativa para os esforços de saúde globais, afectando os resultados dos tratamentos, aumentando os custos dos cuidados de saúde e limitando as medidas de controlo das doenças parasitárias. A luta contra a resistência aos medicamentos exige uma abordagem multifacetada que inclui a utilização prudente dos medicamentos, sistemas de vigilância, investigação de novas terapias e colaboração internacional para preservar a eficácia dos tratamentos antiparasitários e atenuar o impacto dos parasitas resistentes aos medicamentos na saúde humana e animal.

9.2. Alterações climáticas e distribuição dos parasitas

As alterações climáticas influenciam significativamente a distribuição e a prevalência de parasitas em todo o mundo. As alterações na temperatura, nos padrões de precipitação e nas condições ecológicas provocadas pelas alterações climáticas têm um impacto direto nos ciclos de vida, nas áreas geográficas e na dinâmica de transmissão dos parasitas e dos seus vectores. Eis algumas das principais formas em que as alterações climáticas afectam a distribuição dos parasitas:

1. **Expansão do alcance geográfico**

- **Temperaturas mais altas**: O aumento das temperaturas pode expandir a área geográfica dos parasitas e dos seus vectores para regiões anteriormente inadequadas para a sua sobrevivência.
    - **Exemplo**: Os mosquitos transmissores da malária (*Anopheles* spp.) podem deslocar-se para altitudes e latitudes mais elevadas à medida que as temperaturas aquecem, aumentando o risco de transmissão da malária em novas áreas.
- **Estações de transmissão prolongadas**: Estações quentes mais longas e invernos mais amenos podem prolongar os períodos durante os quais os parasitas podem sobreviver e reproduzir-se, levando a uma maior intensidade de transmissão.
    - **Exemplo**: As doenças transmitidas por carraças, como a doença de Lyme, podem tornar-se mais prevalecentes nas regiões temperadas, uma vez que os invernos mais quentes permitem que as carraças sobrevivam e se reproduzam durante todo o ano.

2. **Dinâmica de transmissão alterada**

- **Competência dos vectores**: As alterações climáticas podem afetar a competência dos vectores (por exemplo, mosquitos, carraças) para transmitir parasitas, influenciando o seu tempo de vida, taxas de reprodução e comportamentos alimentares.

- Exemplo: O aumento das temperaturas pode encurtar o período de incubação dos parasitas da malária (*Plasmodium* spp.) nos mosquitos, acelerando as taxas de transmissão.

- **Mudanças ecológicas**: As mudanças nos padrões de precipitação e nos níveis de humidade podem alterar a adequação do habitat para os parasitas e os seus hospedeiros, afectando a sua distribuição e interações.
  - **Exemplo**: As alterações nos padrões de precipitação podem criar locais adequados para a reprodução de mosquitos em novas áreas, aumentando o risco de doenças transmitidas por mosquitos.

3. Impacto nas interações entre o hospedeiro e o parasita

- **Suscetibilidade do hospedeiro**: As alterações climáticas podem causar stress nas populações hospedeiras, comprometendo as suas respostas imunitárias e aumentando a suscetibilidade a infecções parasitárias.

  Exemplo: Os eventos de branqueamento dos corais provocados pelo aumento da temperatura do mar enfraquecem a resistência dos corais a infecções parasitárias, como as doenças dos corais.

- **Interações entre espécies**: As alterações na distribuição dos parasitas podem perturbar as relações ecológicas e as cadeias alimentares, afectando a biodiversidade e o funcionamento dos ecossistemas.
  - **Exemplo**: Os parasitas que afectam espécies-chave podem ter efeitos em cascata em ecossistemas inteiros, alterando a dinâmica predador-presa e o ciclo de nutrientes.

4. Implicações para a saúde humana

- **Doenças emergentes**: As mudanças na distribuição dos parasitas provocadas pelo clima podem levar ao aparecimento ou reaparecimento de doenças infecciosas em novas áreas geográficas.
  - **Exemplo**: A expansão dos habitats do mosquito da areia devido a temperaturas mais quentes pode aumentar a transmissão da leishmaniose em regiões anteriormente não afectadas.

- **Vulnerabilidade das populações vulneráveis**: As populações de países de baixo rendimento com acesso limitado a cuidados de saúde e recursos podem ser desproporcionadamente afectadas pelas alterações climáticas na distribuição dos parasitas.
  - **Exemplo**: Aumento da incidência de doenças transmitidas por vectores, como a dengue e o vírus Zika, em regiões tropicais e subtropicais com infra-estruturas inadequadas para o controlo de doenças.

Estratégias de atenuação e adaptação

- **Sistemas de vigilância e alerta precoce**: Estabelecimento de programas de monitorização para acompanhar as alterações na distribuição dos parasitas e na abundância de vectores para informar as respostas de saúde pública.
- **Controlo de vectores**: Implementação de estratégias de gestão de vectores, tais como redes mosquiteiras tratadas com inseticida e modificação do habitat, para reduzir as populações de vectores e a transmissão de doenças.
- **Infra-estruturas de cuidados de saúde**: Reforço dos sistemas de cuidados de saúde e dos esforços de reforço das capacidades para preparar e responder às mudanças relacionadas com o clima no que respeita ao peso das doenças.

10. INVESTIGAÇÃO E ORIENTAÇÕES FUTURAS

A investigação em parasitologia engloba uma vasta gama de tópicos destinados a compreender a biologia, ecologia, epidemiologia e controlo de organismos parasitas. As direcções futuras da investigação em parasitologia centram-se na abordagem de desafios emergentes, na melhoria dos métodos de diagnóstico e tratamento e no desenvolvimento de estratégias sustentáveis para o controlo de doenças. Eis as principais áreas de investigação e direcções futuras em parasitologia:

1. **Compreender a biologia dos parasitas e as interações com o hospedeiro**

- **Genómica e biologia molecular**: Os avanços na sequenciação genómica e nas técnicas moleculares permitem aos investigadores estudar os genomas, transcriptomas e proteomas dos parasitas, fornecendo informações sobre a sua evolução, adaptação e factores de virulência.
- **Interações entre o hospedeiro e o parasita**: Investigar os mecanismos subjacentes à suscetibilidade do hospedeiro, às respostas imunitárias e à co-evolução com os parasitas para desenvolver terapias e vacinas orientadas.
- **Resistência aos medicamentos**: Estudar a base genética da resistência aos medicamentos nos parasitas e desenvolver novos medicamentos antiparasitários que visem vias moleculares específicas.

2. **Epidemiologia e dinâmica de transmissão**

- **Impacto das alterações climáticas**: Avaliar a influência das alterações climáticas na distribuição dos parasitas, na dinâmica de transmissão e nos surtos de doenças para informar as estratégias de adaptação e as respostas de saúde pública.
- **Transmissão zoonótica**: Investigar a ecologia e a epidemiologia dos parasitas zoonóticos para compreender os seus hospedeiros reservatórios, as vias de transmissão e os riscos de alastramento.
- **Modelação espacial**: Utilização de sistemas de informação geográfica (GIS) e de modelos matemáticos para prever a propagação de parasitas, otimizar estratégias de controlo e atribuir recursos de forma eficaz.

3. **Inovações de diagnóstico**

- **Testes no local de tratamento**: Desenvolvimento de ferramentas de diagnóstico rápidas, sensíveis e económicas para a deteção de infecções parasitárias em locais com recursos limitados, tais como ensaios de fluxo lateral e testes de amplificação de ácidos nucleicos (NAAT).
- **Biomarcadores**: Identificação de biomarcadores da infeção pelo parasita e da progressão da doença para fins de diagnóstico precoce, monitorização do tratamento e vigilância.

4. **Estratégias sustentáveis de controlo de doenças**

- **Controlo de vectores**: Técnicas inovadoras de gestão de vectores, incluindo novos insecticidas, agentes de controlo biológico e manipulação ambiental, para reduzir as populações de vectores e a transmissão de doenças.
- **Vacinas**: Avanço da investigação sobre vacinas contra doenças parasitárias, visando antigénios-chave e vias imunológicas para conferir uma proteção duradoura em populações endémicas.
- **Abordagens de Saúde Única**: Integração das perspectivas da saúde humana, animal e ambiental para abordar doenças parasitárias complexas e atenuar o seu impacto na saúde e nos ecossistemas mundiais.

5. **Dimensões sociais e económicas**

- **Reforço dos sistemas de saúde**: Reforço das infra-estruturas de saúde e dos esforços de reforço das capacidades nas regiões endémicas, a fim de melhorar o acesso aos serviços de diagnóstico, tratamento e prevenção.
- **Envolvimento da comunidade**: Promover a participação da comunidade e iniciativas de educação sanitária para aumentar a consciencialização, melhorar as práticas de higiene e fomentar uma mudança de comportamento sustentável.

Direcções futuras

- **Ameaças Parasitárias Emergentes**: Antecipar e responder a doenças parasitárias emergentes, incluindo aquelas facilitadas pela globalização, urbanização e mudanças ambientais.
- **Integração tecnológica**: Aproveitar os avanços da inteligência artificial, da análise de grandes volumes de dados e das tecnologias digitais de saúde para melhorar as capacidades de vigilância, modelação e resposta às doenças.
- **Política e Advocacia**: Defesa de políticas que apoiem o financiamento da investigação, a colaboração internacional e estratégias baseadas em provas para o controlo e eliminação de doenças parasitárias.

Conclusão

As futuras direcções da investigação em parasitologia são impulsionadas pela necessidade de enfrentar desafios complexos colocados por doenças emergentes, resistência aos medicamentos, alterações ambientais e disparidades globais na saúde. Ao integrar abordagens multidisciplinares, promover a inovação e dar prioridade a intervenções sustentáveis, os investigadores pretendem fazer avançar a nossa compreensão das doenças parasitárias e melhorar os resultados em termos de saúde para as populações de todo o mundo. A colaboração contínua entre cientistas, decisores políticos e comunidades será crucial para conseguir um controlo eficaz, a prevenção e a eventual eliminação das doenças parasitárias nas próximas décadas.

10.1. Avanços na investigação parasitológica

Nos últimos anos, os avanços na investigação parasitológica expandiram significativamente a nossa compreensão da biologia, epidemiologia, diagnóstico e tratamento dos parasitas. Estes avanços têm sido impulsionados por inovações tecnológicas, colaborações interdisciplinares e uma apreciação mais profunda das interações complexas entre parasitas, hospedeiros e o ambiente. Eis algumas áreas-chave do progresso recente na investigação parasitológica:

1. **Genómica e biologia molecular**

- **Sequenciação do genoma**: O advento das tecnologias de sequenciação de alto rendimento permitiu a sequenciação dos genomas dos parasitas, fornecendo informações sobre a diversidade genética, a evolução e os mecanismos de adaptação.
- **Transcriptómica e proteómica**: Os estudos sobre os perfis de expressão dos genes dos parasitas e as interações proteicas elucidaram as principais vias moleculares envolvidas nas interações hospedeiro-parasita e na patogénese.
- **Tecnologia CRISPR-Cas9**: Aplicação de ferramentas de edição do genoma como a CRISPR-Cas9 para estudos de genómica funcional, permitindo aos investigadores manipular os genomas dos parasitas e estudar a função dos genes.

2. **Descoberta e resistência a medicamentos**

- **Alvos de medicamentos**: Identificação de novos alvos de medicamentos através de biologia estrutural, ensaios bioquímicos e abordagens de rastreio virtual, facilitando o desenvolvimento de novos medicamentos antiparasitários.
- **Mecanismos de resistência**: Compreender a base molecular da resistência aos medicamentos nos parasitas, incluindo os mecanismos de desenvolvimento e disseminação da resistência nas populações de parasitas.
- **Terapias de combinação**: Otimização de terapias combinadas para ultrapassar a resistência aos medicamentos e prolongar a eficácia dos medicamentos antiparasitários existentes.

3. **Epidemiologia e dinâmica de transmissão**

- **Modelação espacial**: Integração de sistemas de informação geográfica (GIS) e modelação matemática para prever a distribuição de parasitas, padrões de transmissão e surtos de doenças em resposta a alterações ambientais.
- **Abordagens de Saúde Única**: Colaboração entre disciplinas para estudar ciclos de transmissão zoonótica, hospedeiros reservatórios e factores ecológicos que influenciam o aparecimento e a propagação de parasitas.

- **Tecnologias de vigilância**: Desenvolvimento de ferramentas de vigilância molecular e serológica para detetar infecções por parasitas e monitorizar a dinâmica da transmissão em regiões endémicas.

4. **Inovações de diagnóstico**

- **Testes no local de prestação de cuidados**: Desenvolvimento de testes de diagnóstico rápido (RDT) e de tecnologias de fácil utilização no terreno para a deteção de infecções parasitárias em contextos de recursos limitados, melhorando o diagnóstico e o tratamento precoces.
- **Descoberta de biomarcadores**: Identificação de biomarcadores de diagnóstico em fluidos do hospedeiro (por exemplo, sangue, urina) e antigénios do parasita para deteção sensível e específica de infecções.

5. **Vacinas e imunologia**

- **Desenvolvimento de vacinas**: Avanços na conceção de vacinas contra doenças parasitárias, incluindo vacinas de subunidades, vacinas vectorizadas e novos adjuvantes para induzir respostas imunitárias protectoras.
- **Mecanismos de evasão imunitária**: Exploração das estratégias do parasita para escapar às respostas imunitárias do hospedeiro, informando as estratégias de desenvolvimento de vacinas para aumentar a eficácia.

6. **Controlo de Vectores e Gestão Ambiental**

- **Controlo inovador de vectores**: Desenvolvimento de novos insecticidas, agentes de controlo biológico e estratégias de gestão de vectores para reduzir as populações de vectores e interromper os ciclos de transmissão de doenças.
- **Adaptação às alterações climáticas**: Investigação sobre o impacto das alterações climáticas na ecologia dos vectores e na transmissão de doenças, orientando estratégias de adaptação para doenças transmitidas por vectores.

Direcções futuras

- **Doenças Emergentes**: Antecipação e resposta a ameaças parasitárias emergentes facilitadas pela globalização, alterações ambientais e factores socioeconómicos.

- **Integração tecnológica**: Aproveitamento da inteligência artificial (IA), da aprendizagem automática (ML) e da análise de grandes volumes de dados para melhorar as capacidades de vigilância, modelação e resposta às doenças.
- **Equidade na Saúde Global**: Abordar as disparidades na saúde através do acesso equitativo a ferramentas de diagnóstico, tratamentos e intervenções preventivas para doenças parasitárias em populações vulneráveis.

10.2. Áreas promissoras para estudos futuros

Os estudos futuros em parasitologia estão preparados para enfrentar desafios prementes e explorar novas fronteiras na compreensão, controlo e atenuação do impacto das doenças parasitárias. As áreas promissoras para investigação futura incluem:

1. **Eco-Epidemiologia e alterações climáticas**

- **Dinâmica de Parasitas Impulsionada pelo Clima**: Investigar como as alterações climáticas influenciam a distribuição de parasitas, os padrões de transmissão e o aparecimento de doenças em diferentes ecossistemas.
- **Ecologia e Comportamento de Vectores**: Estudo dos factores ecológicos que influenciam as populações de vectores, os comportamentos e as suas interações com parasitas e hospedeiros em condições ambientais variáveis.
- **Abordagens de saúde única**: Integração das perspectivas da saúde humana, animal e ambiental para compreender a dinâmica complexa das doenças e desenvolver estratégias holísticas de controlo das doenças.

2. **Resistência aos medicamentos e terapêutica**

- **Mecanismos de resistência**: Elucidar os mecanismos genéticos, bioquímicos e fisiológicos subjacentes à resistência aos medicamentos nos parasitas para informar o desenvolvimento de novas terapias.
- **Estratégias alternativas de tratamento**: Exploração de abordagens alternativas às terapias baseadas em medicamentos, tais como imunoterapias, terapia com fagos e terapias dirigidas ao hospedeiro, contra infecções parasitárias.

- **Terapias de combinação**: Otimização de terapias combinadas para retardar o aparecimento de resistência e melhorar os resultados do tratamento em regiões endémicas.

3. **Vacinas e imunologia**

- **Desenvolvimento de vacinas**: Avanço da investigação sobre vacinas de subunidades, vacinas vectorizadas e novos adjuvantes para induzir uma imunidade robusta e duradoura contra doenças parasitárias.

- **Interações entre o hospedeiro e o parasita**: Compreender os mecanismos moleculares das respostas imunitárias do hospedeiro aos parasitas e desenvolver vacinas que visem estratégias de evasão dos parasitas.

4. **Diagnóstico e vigilância**

- **Tecnologias de ponto de atendimento**: Desenvolvimento de instrumentos de diagnóstico rápidos, sensíveis e económicos para a deteção de infecções parasitárias em diversos contextos, incluindo zonas remotas e com recursos limitados.

- **Biomarcadores e vigilância**: Identificação de biomarcadores de infeção, gravidade da doença e resposta ao tratamento para melhorar a vigilância e o controlo da transmissão do parasita.

5. **Controlo de vectores e gestão integrada das pragas**

- **Controlo inovador de vectores**: Implementação de novas abordagens para a gestão de vectores, incluindo a manipulação genética de vectores, agentes de controlo biológico e modificação ambiental.

- **Envolvimento da comunidade**: Promover a participação da comunidade e a mudança de comportamentos para apoiar estratégias sustentáveis de controlo de vectores e reduzir a transmissão de doenças.

6. **Determinantes socioeconómicos e ambientais**

- **Reforço dos sistemas de saúde**: Reforço das infra-estruturas de saúde e dos esforços de reforço das capacidades para melhorar o acesso aos serviços de diagnóstico, tratamento e prevenção nas regiões endémicas.

- **Impacto da urbanização e da globalização**: Avaliar a influência da urbanização, dos movimentos populacionais e dos factores socioeconómicos na dinâmica de transmissão do parasita e no peso da doença.

7. **Ameaças parasitárias emergentes**

- **Transmissão entre espécies**: Investigar os factores ecológicos e evolutivos que influenciam a transmissão de parasitas da vida selvagem para os seres humanos e vice-versa.
- **Redes globais de vigilância**: Estabelecimento de redes de vigilância global para monitorizar doenças parasitárias emergentes e facilitar estratégias de resposta rápida.

8. **Avanços tecnológicos**

- **Inteligência Artificial e Grandes Dados**: Tirar partido da IA, da aprendizagem automática e da análise de grandes volumes de dados para modelar a transmissão de doenças, prever surtos e otimizar estratégias de intervenção.
- **Inovações biotecnológicas**: Aplicação de ferramentas biotecnológicas, como a edição de genes CRISPR-Cas9 e a biologia sintética, para estudar a biologia dos parasitas e desenvolver novas intervenções.

REFERÊNCIAS

1. Garcia, L. S. (2015). **Parasitologia médica diagnóstica**. ASM Press.
2. Roberts, L. S., Janovy Jr., J., & Nadler, S. A. (2012). **Fundamentos de Parasitologia**. McGraw-Hill Education.
3. Markell, E. K., John, D. T., & Krotoski, W. A. (1999). **Medical Parasitology**. Saunders.
4. Ash, L. R., & Orihel, T. C. (2007). **Atlas de Parasitologia Humana**. Sociedade Americana de Patologia Clínica Press.
5. Gillespie, S. H., & Pearson, R. D. (2001). **Principles and Practice of Clinical Parasitology**. Wiley-Blackwell.
6. Ashford, R. W. (2001). **Enciclopédia de Parasitologia**. Springer.
7. Cox, F. E. G. (2002). **History of Human Parasitology (História da Parasitologia Humana**). Academic Press.
8. Collier, L., Balows, A., & Sussman, M. (1998). **Microbiologia e Infecções Microbianas de Topley & Wilson: Parasitology** (Vol. 5). Arnold Publishers.
9. Chiodini, P. L., Moody, A. H., & Manser, D. W. (2001). **Atlas of Medical Helminthology and Protozoology**. CRC Press.
10. Petri Jr., W. A. (2013). **Atlas de Helmintologia Humana**. ASM Press.
11. Mahmoud, A. A. F. (Ed.). (2001). **Schistosomiasis**. Imperial College Press.
12. Roberts, L. S., & Janovy Jr., J. (2009). **Gerald D. Schmidt & Larry S. Roberts' Foundations of Parasitology**. McGraw-Hill Higher Education.
13. Acha, P. N., & Szyfres, B. (2003). **Zoonoses e Doenças Transmissíveis Comuns ao Homem e aos Animais** (3ª ed.). Organização Pan-Americana da Saúde.
14. Guerrant, R. L., Walker, D. H., & Weller, P. F. (Eds.). (2011). **Doenças Infecciosas Tropicais: Principles, Pathogens, and Practice** (3ª ed.). Saunders.
15. King, C. H., & Mahmoud, A. A. F. (Eds.). (2001). **Parasitic Diseases** (5ª ed.). Springer.

Printed by Books on Demand GmbH, Norderstedt / Germany